生态学基础实验教程

Basic Experiment Tutorial of Ecology

符裕红　主编

中国农业大学出版社
· 北京 ·

内容简介

全书共七章,第一章主要概述生态学实验基础知识,第二章、第三章、第四章、第五章分别为个体生态学、种群生态学、群落生态学、生态系统生态学的相关实验及操作,第六章主要介绍实验室常用药品配制及实验仪器操作,第七章介绍野外生存基本知识。

本书非常适合生物类学科的专业人员使用,可作为生物学、生态学、农学、林学等相关专业本科生、研究生的专业课程教材,也可供其他相关领域、学科的人员作为学习参考,是一本具有实用价值的专业教材。

图书在版编目(CIP)数据

生态学基础实验教程 / 符裕红主编. —北京:中国农业大学出版社,2020.7
ISBN 978-7-5655-2406-6

Ⅰ.①生… Ⅱ.①符… Ⅲ.①生态学-实验-高等学校-教材 Ⅳ.①Q14-33

中国版本图书馆 CIP 数据核字(2020)第 152605 号

书　　名 生态学基础实验教程
作　　者 符裕红 主编

策划编辑 张 玉　　**责任编辑** 韩元凤
封面设计 郑 川
出版发行 中国农业大学出版社
社　　址 北京市海淀区圆明园西路 2 号　　**邮政编码** 100193
电　　话 发行部 010-62818525,8625　　读者服务部 010-62732336
编辑部 010-62732617,2618　　出 版 部 010-62733440
网　　址 http://www.caupress.cn　　**E-mail** cbsszs @ cau.edu.cn
经　　销 新华书店
印　　刷 涿州市星河印刷有限公司
版　　次 2020 年 7 月第 1 版　2020 年 7 月第 1 次印刷
规　　格 787×1 092　16 开本　11.25 印张　280 千字
定　　价 35.00 元

编写人员

主　编　符裕红

副主编　刘　讯　彭雪梅

编　委　王轶浩　蔡国俊　彭　琴　廖兴刚

周　玮　谢雪娇　张代杰

前言

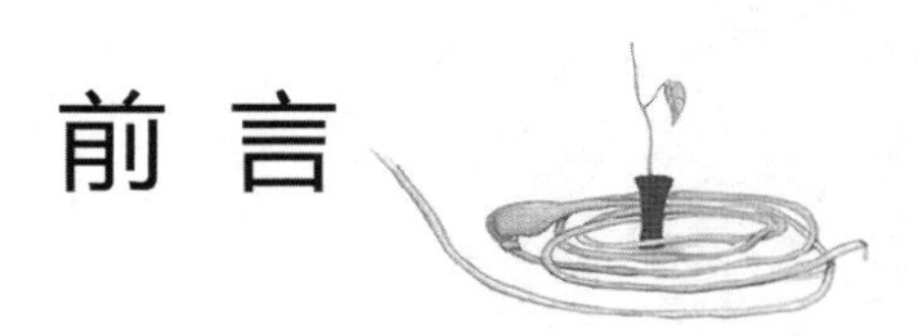

生态是人类生存之基、社会发展之本。随着人类社会的不断进步，生态学理论和应用愈加广泛，国家对生态文明的重视更是推进了生态学与人类社会可持续发展的关系，同时也提高了生态学与多学科交叉的要求，生态学受到了世界范围的高度关注与重视。生态学是研究生物与环境之间相互关系的科学，综合性及应用性较强。该学科紧跟时代发展步伐，理论与实验并重，实践与创新并行，能更好地为专业人才培养、环境保护、生态恢复、生态文明建设以及社会的可持续发展服务。

本书内容全面、涵盖面广，内容安排以理论为中心，充分考虑了开展生态学验证性、设计性、综合性实验等对学生的指导作用，本书以生态学研究方法、调查取样、实验设计、数据整理、报告书写、论文撰写、室内实验、野外调查、药品配置、仪器操作、野外生存为主线，重点体现了教材的实用性。全书共七章，第一章主要概述生态学实验基础知识，第二章、第三章、第四章、第五章分别为个体生态学、种群生态学、群落生态学、生态系统生态学的相关实验及操作，第六章主要介绍实验室常用药品配制及实验仪器操作，第七章介绍野外生存基本知识。本书非常适合生物类学科的专业人员使用，可作为生物学、生态学、农学、林学等相关专业本科生、研究生的专业课程教材，也可供其他相关领域、学科的人员学习参考，是一本具有实用价值的专业教材。

衷心感谢为本教材编写倾心付出的编委们，并对关心、指导和帮助过此项工作的领导及老师们表示真诚的谢意！书中难免有错误或疏漏之处，恳请广大师生和读者谅解，欢迎批评斧正！

编　者

2020 年 2 月

前言

目录

第一章　生态学实验基础知识

第一节　生态学研究方法

一、生态学的发展趋势

生态学是研究生物与环境相互关系的一门科学。20 世纪三四十年代，生态学界和地理学界几乎不约而同地提出了一系列的学说和术语来表达这种相互作用的整体。在科学发展和社会需求的双重背景下，现代生态学呈现出一系列新的特点和趋势，主要表现在：生态学研究内容的重新定位和研究对象的不断拓宽；学科之间相互交叉融汇及新分支学科的不断产生；从生态学的研究结构发展到研究功能和过程；从局部孤立的研究向整体网络化研究发展；研究方法的现代化、定量化和信息化。当今生态学已经发展成为一个研究内容广泛、分支学科众多、综合性很强的学科。从研究方法而言，也同样在不断地更新。

1.在研究层次上向宏观和微观两级发展

经典生态学以生物有机体的个体、种群、群落、生态系统为主要研究对象。现代生态学在研究尺度上扩展到景观生态学和全球生态学，1995 年美国景观生态学家 R. T. T. Forman出版了《土地镶嵌体——景观与区域生态学》，1996 年 C. H. Southwick 出版了《人类前景中的全球生态学》；结合分子生物学发展了分子生态学，使生态学逐步向分子化水平迈进。可见，现代生态学在向宏观方向发展的同时，在微观方向上也取得了很大的进展，故生态学的研究层次已包括了从分子、基因、个体、种群、群落、生态系统，直到整个生物圈的全球范围。

2.在研究手段上向多元化发展

随着生态学的发展和科学技术的进步，传统生态学研究手段已不能满足需求，仪器、设备在简单性、快捷性、方便性、准确性方面都有了大幅度的提升。从 1934 年 R. Bracher 的《生态学野外研究》一书中的"一只生态学工具箱"发展到现代化的自动电子仪器、稳定同位素技术、遥感与地理信息系统的 3S 技术、生态建模等技术，再到现在的信息技术和大数据，全面促进了生态学的发展。

3.在分析方法上从定性化向定量化发展

长期以来，生态学多是以描述性为主的定性化研究分析，只有个体生态学能针对生物与非生物因子关系进行室内外的定量实验，在研究手段多元化发展的背景下，群体生态学也逐步转向定量化层次。例如，模拟受控生态系统、人工模拟实验、同位素示踪等，在不破坏自然的情况下，能够进行调查、取样、测量、分析，得到科学的数据，极大地加快了定量化的步伐，更深刻、准确地揭示生态学的科学问题。

4. 在研究范围上向多学科扩展

随着现代生态学多学科交叉融合以及人类活动对生态过程的影响，生态学逐渐从研究纯自然现象扩展到自然-经济-社会复合系统。在人类社会日益发展、环境日益恶化的背景下，迫切需要运用生态学的观点和原理去分析社会活动和经济活动对环境的影响，解决资源、环境、可持续发展等重大问题；许多国家和地区的大型建设项目都必须进行生态环境论证；人类生存的相关环境问题都是现代生态学学科发展中的前沿和热点问题。

二、生态学的研究方法

生态学研究从宏观到微观都有专门的方法技术，且强调系统化，方法体系日趋成熟。生态学的研究方法主要有 3 种，即野外调查、实验研究、数学模型。

1. 野外调查

野外调查的研究是第一性的，例如动植物种群数量、变化等，是考察特定种群或群落与自然地理环境的空间分异关系。考察种群或群落的特征和测定生境条件，均是在野外进行的，如植物种群的样方调查、动物种群的标记重捕等。野外调查的项目包括：环境因子特征；生境条件（范围面积、地形地貌、气候、水、土壤、植被等）；个体数量或密度；物种的生活习性；种群的多度、频度、盖度、显著度，空间分布格局，适应形态，生长发育，生活型，年龄结构，生活史等；群落的种类组成，生物多样性，群落演替等；特定生态系统的特征、组成、结构、功能等。野外调查能比较直接地观察实验对象，获得自然状态下的第一手资料，但其缺点是不可重复，无法模拟原始的自然条件状态。

2. 实验研究

实验研究是分析因果关系的一种有用的补充手段，有原地实验和受控实验两种。原地实验是在自然条件下采取措施获得相关因素变化对种群或群落的影响，如去除其中某个种群或引入某个种群，原地实验是野外调查和定位观测的重要补充。受控实验是根据自然生态系统的条件，模拟其具体指标以及对种群或群落的影响，例如改变环境条件中的温度、水分、光照等，对种群特征指数的效应。实验研究条件控制严格，对结果的分析比较可靠，重复性强，是分析因果关系的一种有用的补充手段；但其缺点是实验条件往往与野外自然状态下的条件有区别，模拟实验取得的数据和结论，最后还需回到自然界中去进行验证。

3. 数学模型

利用数学模型进行模拟研究是理论研究最常用的方法，它是种群或群落系统行为时空变化的数学概括，泛指文字模型和几何模型，在种群动态发展种群生态学方面贡献较大，例如种群增长、种间竞争、害虫暴发预测等。数学模型经过验证，确定了它的真实性后可作为一种较有用的工具，数学模型既是验证模型和修正的手段，又可作为原地实验设计的先导，模型的预测可研究真实情况下不能解决的问题，但其缺点是预测得到的结果还必须通过现实来检验其预测结果是否正确，也可通过修改参数再进行模拟，使模型研究能真实表达现实，若应用不当，易产生错误。

第二节 生态学野外调查与取样

野外环境复杂多样，调查、采样等工作都应准备充分，制订切实可行的研究方案。在准备工作中，需将安全放到第一位，为调查人员购买保险，并确保生活用品、调查工具、设备及电池等的正常和完备。研究方案中，将研究目的、调查时间、调查地点、人员安排、任务分工、实施方案、方法步骤、备用方案等准备到位。

在野外调查、取样过程中，需尽可能多地收集有关环境、种群或群落特征的相关指标数据，以便对生态现象做出科学合理的解释。在实际情况中，一个种群的"量"无法对种群内每个生物个体进行全部计数，故需进行抽样观测，针对不同的生物有机体，有不同的观测方法。如调查植物生物群落常用样方法、样线法、无样地取样法；动物种群调查常用样方法、样带法、计数法、标记重捕法、去除法、指数标定法等。

生态取样指在种群和群落生态学研究中，根据统计学的原理及方法，从总体中获取一部分样本来估算总体数量特征的方法。为保证数据的可靠性和准确性，抽样时需要遵循随机、重复、局部控制的原则。田间取样，主要是研究对象的数量资料，对样地及样地内特征生物的空间特性无法全面反映，拍照、智能绘图、3S 技术的应用，更能真实记录样地空间背景，但 3S 技术成本过高，照片难以完整地反映样地全貌，此时手工绘图是最好的选择，这也是一名生态学工作者不可缺少的基本技能之一。

一、样地制图

生境一词不同于环境，它是生物生存的具体地段生态因子的综合，它强调决定生物分布的生态因子。按基质进行划分，有陆生生境和水生生境，而陆生生境在时空变异上常常较水生生境明显。野外生态调查通常在特定的时间和地点进行，所调查的区域也受时间限定，每一次调查，生物组成性质均会发生时序上的变更，而且也必然伴随着空间的变动。因此，适时绘制调查区域图，既可提供直观的背景资料，又是进行动态监测和生态功能分析的重要途径。故在野外调查中，样地地形轮廓图的绘制，能直观地反映样地概貌及样地内主要特征物的位置，并作为科学研究资料备存。

（一）陆生生境制图

在种群或群落取样的生态学研究中，首先进行的是环境调查，适时掌握样地内不同时刻变化的特征及对未来变化的分析。主要包括群落或种群的位置与边界、生物密度、动物巢穴，以及人类和动物活动的痕迹等，故详细绘制样地区域的外形图必不可少。经过多年的积累，它能在环境的科学管理中体现出极大的参考价值。

陆地外形图的绘制可通过角度和距离来确定一系列的位点，先选择一块合适的调查区域，绘制一幅草图，标明全部界标，如道路、河流、水塘、小径、岩石、建筑、乔木、灌丛等，再根据下述方法绘制轮廓线，得到相应的外形图。

1. 中心点法

在样区范围内,选一处能看到研究区域边界范围的中心观察位点,并沿着边界选择确定适量的界标位点,在每一界标位点处插上竹竿或钢钎;适当调整确定中心观察位点,使其既能看到边界的某一角又能看到该角两旁两个或两个以上界标点,并插上桩(图 1-1)。选用方格图纸进行绘图,确定合适的比例尺,测量中心观察位点至标记的第一个界标位点的直线距离及方位,用量角器绘制方位角,用直尺或平直的小木板代替直尺绘制直线,用同样的方法逐一将各边界位点的位置及方向绘制于方格图纸中;最后在图的相应位置标出各种特征物,如树、岩石、房屋等。

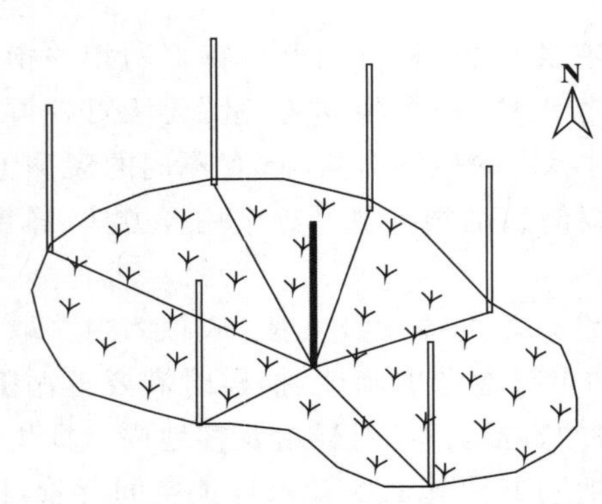

图 1-1　中心点法绘制样地轮廓图

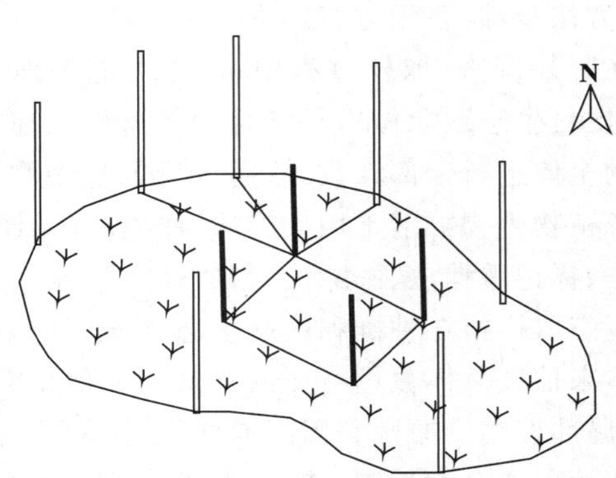

图 1-2　中心块法绘制样地轮廓图

2. 中心块法

此法类似于中心点法,不同之处在于将中心观察位点以正方块或长方块的形式进行标定,以便更全面、更完整、更准确地连接各界标位点。具体做法是在方块的四角位点处各打一木桩,同时在图纸中将此方块的方向和方位按相应的比例尺绘制于图中,之后按照中心点法逐一以四角的位点分别绘制出扇形边界(图 1-2),依次连接各扇形边界,在方格图纸中完成样区范围的边界绘制,最后在图的相应位置标出各种特征物,如树、岩石、房屋等。

(二)水生生境制图

水生生境常常具有明显的边界,特别是水塘和河流水域,常可作为独立的生态系统进行研究。季节变动、水量多少或人为活动等原因使淡水水域也会发生时空变化,因此及时制作研究区域图非常必要。

1. 水塘制图

参照陆生生境的制图方法制作轮廓及方位图(图 1-3),再根据图纸方块数或图纸面积计算水域面积。如果水塘较浅,则按照图 1-4 的方法,以米或其他适当间距进行划分,在每一交错点处测量深度,再以适当深度变幅划分间距级,连接同一深度级的各个位点,即得到图 1-4 的等深线,最后,根据给出的水位等深线计算每一深度区的平均深度

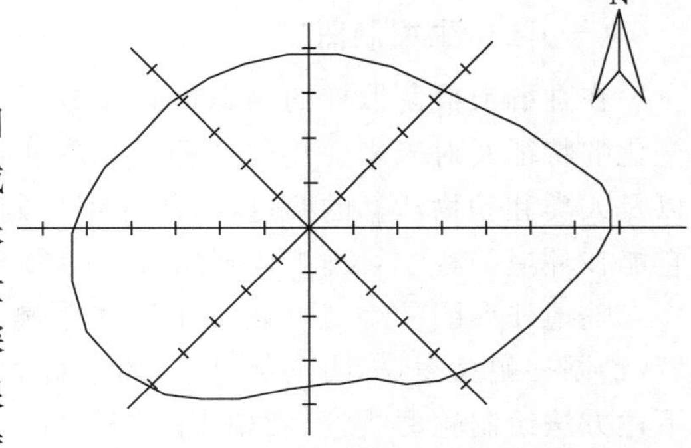

图 1-3　水塘轮廓图的绘制(孙振钧等,2010)

及面积，其乘积即可求出该区域的水容量，加和后即可得整个水塘的总容量。

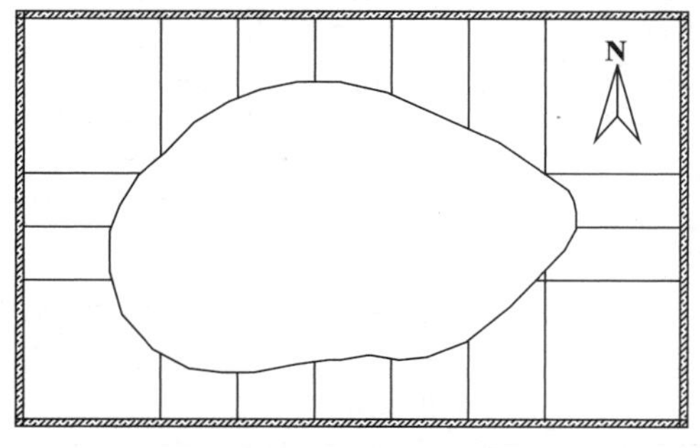

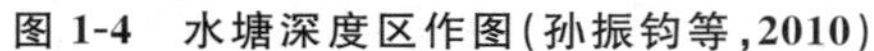

图 1-4　水塘深度区作图(孙振钧等，2010)

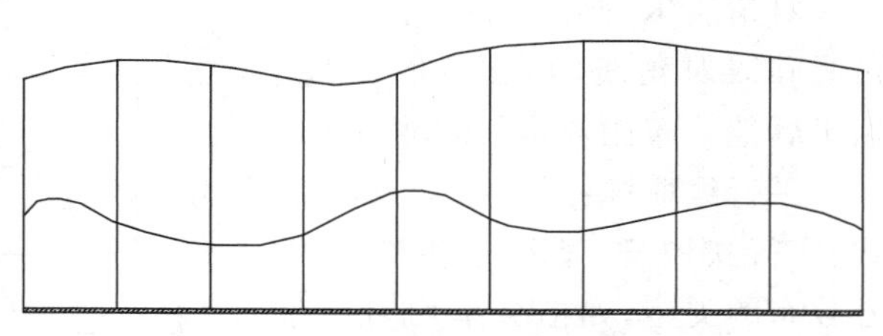

图 1-5　河流作图(孙振钧等，2010)

2. 河流制图

在调查河流的河岸适当距离处拉 50 m 长的样方绳，并将其以桩点固定，以此样方绳为基准，即可测量河岸。确定方向并在图纸上绘下该样方绳，在样方绳上以米为单位标定刻度，用卷尺丈量样方绳上每刻度到近端河岸的垂直距离，河流较宽时，则用测距仪测量至对岸的距离(图 1-5)。将所有平行点绘制在方格纸上，分别连接近端河岸界点及对岸界点后得到河流轮廓图，最后在适当部位标出主要特征物，如大块岩石、水坑、浅滩、草丛等。

二、采样技术

样方法是多种生物研究野外取样时常用的基本方法，样方通常为正方形、长方形、圆形等，取样时主要根据研究目的采集样方面积内的目标生物，在研究土壤生物和水生生物时则通常选用一定体积内的所有目标生物。样方面积根据种一面积曲线进行确定和调整，当采集植物或固着、少动型动物时选用 2∶1的长宽比矩形样方较好。设置样方位置时一定要遵循随机性原则，样方设置完成后即可进行相应的分类、计数、统计、测定等。

(一)随机采样技术

随机采样是指从总体中随机抽取一定数量的样本，既不受总体中抽样样本数值的影响，也不受其他样本数值的影响。所谓“随机”就是在取得样本中的各数值时，没有任何系统选择的计划，特别是取得每一数值时，不能预先考虑到它的数值如何，必须使总体的每个个体被抽取的机会相等，同时各样本间保持相互独立的关系。这样我们才能有效和准确地推断总体，避免主观抽样所造成的误差和差异。

采样的方法可按主观判断选取样本，也可按概率进行客观取样，但在生态学研究中通常选择客观取样法，这样可获得正确的研究结果，从而明确样本代表性的可靠程度。在采样中，不论是随机采样还是分层采样，在具体实施时都要采用随机方法来确定样本的位置。在随机取样和随机样本定样中，无任何人为因素及主观意识的影响，避免调查结果出现偏差。在随机定样中，主要有两类方法，具体如下：

1. 常规定位法(图 1-6)

五点取样：按面积、长度、植株单位等选取样点，取样数较少，但样本单位可以较大，适用于调查属性分布不均匀的情况。

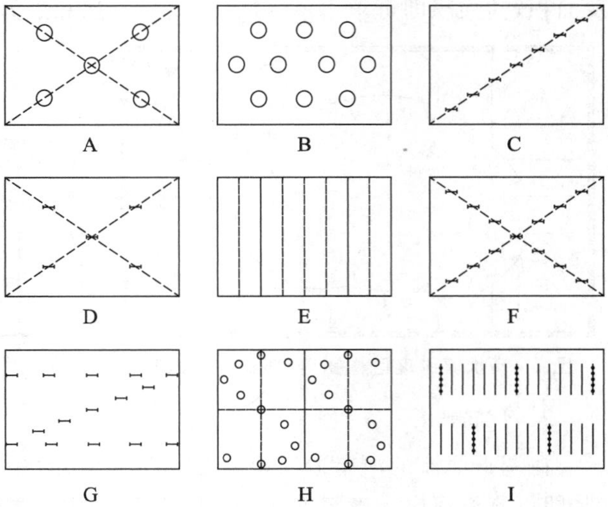

棋盘式取样：当样区面积较大、取样数量较多时选用，适用于随机分布或聚集分布中的核心分布型。

对角线取样：对角线分两种，单对角线和双对角线，与五点取样相似，适用于属性分布比较均匀的随机分布型。

平行线取样：平行线取样有平行线式、直行式取样，适用于生物属性呈核心分布的类型，如植被呈均匀分布的人工林、作物农田等。取样时样本数量较多，样本单位宜少。植被点样法调查的针架定位一般也用此法。

字形取样：字形取样分别有"Z"形和"S"形，适用于聚集分布中的嵌纹分布型和一些边际效应比较明显的种类，如农田中的蚜虫调查。

图 1-6　常规定位法示意图(张孝羲,1979;孙振钧等,2010)

A. 五点取样　B. 棋盘式取样　C. 单对角线取样
D. 五点(长度)取样　E. 直行式取样　F. 双对角线取样
G. "Z"形取样　H. "S"形取样　I. 平行线式取样

2. 随机数字定位法

随机数字的选择有两种方法：抽签、随机数字生成器。根据随机数字定出坐标点，按照相应的坐标点进行取样，若样区较大，可进行二级、三级或以上级别的坐标定位。

在具体的调查过程中，由于区域物理环境的异质性，不同物种种群的分布特性各有特点，种群数量的多少在实际调查时，要选用相应的取样方式，充分了解调查对象的性质，比较不同取样方式的效果，从而确定最佳的取样方式。

(二)分层取样技术

当调查样区较大时，由于环境条件的差异，有的生境条件较好，有的较差，而由于生物对生境的选择和动物的聚集迁移，个体在各个区域间也会随生境条件的变化出现差异，有的区域生境条件优良、生物分布多、生长较好，有的区域生境条件恶劣、生物分布少、生长较差。为了能准确地评价各个区域生物与环境间的关系，消除地域差异的影响，减少误差，避免造成人力、物力、财力的浪费，采取分层取样的方式最为科学。具体是根据调查对象的分布特征，先把总体分成几个层次或几种类型，再在各层次或类型中进行随机取样，最后构成一个取样总体。样区的分层，可根据样区的实际条件，也可根据扎实的基础和经验，充分体现调查结果的科学性、合理性和准确性。

(三)标记重捕技术

标记重捕技术是指在一定样地区域内，捕捉一定量的动物个体，标记后放回，经过一定时期后在该区域内重捕标记过的动物个体，记录其数量，最后根据重捕样本中被标记个体的比例，估计该区域的种群数量。但在标记重捕法中需要注意的是，它是建立在一定假设的基础之上的，即重捕取样中的标记比例与样地总数中的标记比例相等。在标记重捕法中，标记技术尤为重要，标记物与标记方法必须对动物身体不产生影响且不能过分明显醒目，标记符还

必须能维持一定的时间。标记方法有群体标记和个体标记:群体标记以着色为主,所以材料多是油漆、磁漆和清漆等油溶性颜料;个体标记方法较多,昆虫个体通常用冷冻麻醉方法进行,鱼类的标记常用颌骨标签法,鸟类标记多用编码足环,啮齿类、两栖类和爬行类多用畸态的方法。随着科技的发展,还有无线电标记跟踪法等。

第三节　生态学实(试)验设计

科学的实(试)验及正确的结论都需要合理的实(试)验设计;生态学的实(试)验设计是研究生态学问题的首要基础和重要环节;实(试)验设计的合理性、科学性、正确性直接关系到实(试)验结果的代表性、可靠性和准确性。因此,进行生态学实(试)验必须遵循相应的原则、选择科学的方法和严格的控制条件,保证实(试)验的顺利进行和实(试)验结果的正确性。

一、生态学实(试)验的基本原则

1. 重复

重复就是在实(试)验中,同一处理设置的实(试)验单位数,即是对每个处理实施两次或两次以上的实(试)验单位。重复的作用在于减少实(试)验误差并准确地估计实(试)验误差;重复次数的多少可以根据实(试)验的要求和条件具体制订。根据数理统计的原理,误差的大小与重复次数的平方根成反比,重复越多,则误差越小。

2. 随机

随机是指一个重复中的某一个处理或处理组合的设置不受任何主观因素的干扰。设置重复可估计误差,但要获得无偏估计值,必须进行随机设置;只有随机与重复相结合,才能获得无偏的实验误差估计值。随机排列可采用抽签、随机数字生成器、计算器(机)等方法。

3. 局部控制

局部控制就是将整个实(试)验环境分成若干个条件相对一致的小环境,称为区组或窝组,再在小环境内分成若干实(试)验单位安排不同的实(试)验处理,即在区域范围内对非处理因素进行局部控制,这也是降低实(试)验误差的重要手段之一。

二、生态学实(试)验设计的基本要求

在生态学实(试)验研究中,要取得客观、正确的结果,必须要有明确的目的、合理的设计、正确的操作以及科学的统计。

1. 实(试)验目的明确

生态学实(试)验要有实用性、先进性和创新性,故在安排实(试)验时,需要对其结果及作用进行提前预知。抓住当前生态学研究中急需解决的问题,关注和注重将来可能出现的问题,有明确的实(试)验目的,既抓住眼前又关注未来。

2. 实(试)验条件有代表性

实(试)验条件要具有代表性,可为将来的推广和应用服务,要能够代表拟推广实(试)验结果区域的自然、经济、社会、生产等方面的条件,使得实(试)验结果既能符合当前的需求,又能适应未来,从而保证长远的应用。

3.实(试)验结果可靠

实(试)验结果要可靠,取决于实(试)验的准确性和精确度,误差越小,则处理间更精确。在实(试)验的整个过程中,要严格按照实(试)验的原则和要求执行,严格执行各项技术,尽量避免发生错误,减少误差,提高结果的可靠性。

4.实(试)验结果能重演

实(试)验结果重演是指在相同条件下,重复进行相同实(试)验能得到与原实(试)验相同或相近的结果。保证实(试)验条件的代表性、实(试)验操作的正确性、实(试)验环节的准确性、实(试)验过程的重复性,避免年份、地点、环境的差异所造成的影响。

三、生态学实(试)验设计的常用方法

1.对比设计

对比设计是设置一个实(试)验组或几个组与标准区依次进行比较,在同一个重复内按处理顺序排列,多排时注意不同重复间相同处理的排列,可采用逆向或阶梯式排列。常用的主要有两种,分别是邻比设计和间比设计。邻比设计是每个处理旁边就安排有对照,能充分反映处理的效应,简单易行、精度较高、便于观察,只是对照小区占试验区面积较多,若实(试)验处理数过多,则不宜采用邻比设计。间比设计是在每一个对照区内间隔相同数目的若干处理小区,通常为4～9个,重复2～4个,可以包括多个处理,但精度较邻比设计偏低。在统计分析上,无论是邻比设计还是间比设计,实(试)验结果一般采用百分比法与对照比较分析。

2.随机区组设计

随机区组设计是根据随机和局部控制的原理,将实(试)验单位按照性质分成与重复数相等的区组,使区组内的非试验因素差异最小而区组间的非试验因素差异最大;每个区组包括所有的处理,区组内各处理采取独立的随机排列。该设计较为简单,富有弹性,能提供无偏的误差估计,且对实(试)验地要求不严;只是不允许处理太多,一般不可超过20个,以免误差太大。在统计分析上,为了将区组间的差异从实(试)验误差中分解出来,其实(试)验结果采用方差分析进行。

3.裂区设计

裂区设计是多因素实(试)验设计的其中一种,主要针对实(试)验处理组合数太大,而不同实(试)验因素重要性不一样或因素可控性存在差异的情况。具体做法是首先将第一个因素设置各个主处理的小区,然后在这个主处理的小区内引进第二个因素的副处理小区。按主处理所划分的小区即主区,主区内按各副处理所划分的小区即为副区。在实(试)验中,当一个因素的各种处理比另一个因素的各处理需要更大区域时;当实(试)验中某一因素的主效比另一因素的主效更重要而要求有更精确的比较,或两个因素的较好作用比其主效更重要时;当得知某些因素的效应比另一些因素效应更大时:均可以采用裂区设计。在统计分析上,其实(试)验结果采用多因素方差分析进行。

4.拉丁方设计

拉丁方设计就是在行和列的两个方向上都进行了局部控制,使行、列两向均形成完全区组或者重复,与随机区组设计相比较,就是比随机区组设计多了一个区组。其明显的特点就

是整个设计中的处理数、重复数、行数、列数都相等。设计实(试)验处理时,处理数一般以5～10个为好,超过10个,实(试)验很难实施,同时为了保证实验的精确性及误差的最小化,自由度应介于12～20,最好不大于20。在实(试)验设计过程中,为了能有效地控制实(试)验误差、提高实(试)验精度,应用拉丁方设计较随机区组设计更加有效。

5.正交设计

正交设计也是一种研究多因素实(试)验的方法,随着实(试)验因素和水平数的增加,处理组合数增多,因此为了直接同时比较多个因素的各种效应,要将实(试)验因素的所有水平组合作若干次实(试)验,但实(试)验次数会急剧增加,故正交实(试)验利用一套规格化的表格——正交表来进行科学合理的安排,在所有实(试)验处理组合中,挑选部分有代表性水平组合或处理组合进行实(试)验,从中找出最优的处理组合。在统计分析上,其实(试)验结果采用方差分析进行。

第四节　生态学实验数据的整理与分析

实验数据分析需要用到数学、统计学、信息学等方面的知识。在生态学研究中，所观测的样品都是实际生物种群或群落中的一部分，需要通过生物统计的手段，对观测数据做出预测和推断。试验设计和统计分析是现代生物学的基石，是探索微观生物世界和宏观生物世界的必备基础知识，利用生物统计学，生态学家能够通过观测到的部分样品数据，来定量分析概况生物种群或群落的一些本质特性，从而得出正确的结论，也可以有目的地分析评估一些数据之间的异同和关联性（如判定两个种群之间的关系或两个群落的相似性等）。数学生态学家就是主要通过对数据收集、分析和整理，建立数学模型，对生物种群或群落未来的变化趋势进行预测，甚至进行控制。

一、数据的类型

（1）定量数据　主要描述事物的数量特征，能用统一单位的数值来进行表示，其取值是数字型、度量型的，如研究对象的数量多少、等级等。

（2）定性数据　用来说明事物的品质特征，无统一的单位数值，主要采用文字型、描述型进行表示，例如研究对象的名称、类型、特性等。

（3）0－1 数据　属于定性数据的一种特例，主要表示具有两个状态名称的属性数据，如样地中无马尾松，记为 0，有则记为 1。

（4）空间分布数据　表示研究对象在一定的坐标系中的空间位置、几何定位等，常用地理坐标、空间坐标、平面坐标、极坐标表示，包括研究对象的位置、分布、大小、形状等。

（5）时间系列数据　主要反映某一事物、现象等随时间变化的状态或程度，如种群数量的变化、群落的演替等。

（6）圆形分布数据　不同于普通的变量，主要包括角度、昼夜时间、一年中的日期等，这些数据是一种特殊的定量数据，具有周期性，无真正的零点。

二、原始数据的整理

生态学实验数据形式复杂、数据量大。针对原始数据的整理：①按照数值变量、类别变量等进行分类；②用散点图、柱形图等初步判断数据的分布情况。

如果数据分布图大致呈两边对称的钟形，说明数据符合正态分布。因为在比较两组数据平均数大小时，前提就是两组数据都呈正态分布，且偏差相等。

许多生物数据如生理生态学研究中用得较多的生理指标（体重、体长、高度、心率等）都符合正态分布，但在生态学野外调查实验中所取得的许多数据（如个体的空间分布、行为学记录数据等）通常不符合正态分布，如：①比例或百分数，如面积比例、土壤含水率等；②计数的数据，如植株数、水中藻的数量；③非线性尺度上的数据，如 pH、灭绝系数等。

数据统计分析前正态分布情况，可用 SPSS 系列软件进行分析检验，若不符合正态分布，须对数据进行转换后再检验,如对数、平方根、反正弦转换等,检验后仍不符合正态分布,则需用非参数检验法进行统计分析。

三、描述统计

在通常的生态学实验中,我们无法得到整个种群或群落的全部数据,只能设定一定数量的观测对象来代表和描述总体的基本特征,这样的方法称为描述统计。从总体中抽取的观测对象称为样本,观测样本的数量称为样本容量,样本的测量特征称为统计数,相应的总体特征称为参数。

(一)平均值

平均值是对一组数据平均水平和中心位置的描述。例如,种群个体的平均质量、树木的平均高度等。判断个体与平均水平的差异,也能判断两组数据之间的相对大小。如种群密度,通过比较,可判断某个种群密度相对于另一种群密度的高低。如果随机采样的样本数量足够多,其平均数就可正确估计该种群参数的平均值。平均数有不同的类别,如算术平均数、中数、几何平均数等,通常用到较多的是算术平均数,其计算公式为:

$$\bar{x} = \frac{1}{n}(x_1 + x_2 + x_3 + \cdots + x_n)$$

(二)变异数

每个样本以平均数作为样本的代表值,但其代表性受样本各观测值变异程度的影响。为了更准确地描述样本,除平均数外,还需度量其变异性和离散性。表示变异性的指标较多,常用的有极差、方差、标准差、变异系数等,其中以标准差和变异系数的应用较广。

(1)极差　极差是样本资料中最大值和最小值之差,通常用 R 表示。

$$R = \max\{x_1, x_2, \cdots, x_n\} - \min\{x_1, x_2, \cdots, x_n\}$$

(2)方差　在总体 N 个或样本 n 个观测值的样本中,为了度量变量的变异程度,用各观测值的离均差平方和来反映样本的总变异程度,该值即为方差。

$$\sigma^2 = \frac{\sum (x-\mu)^2}{N}\ (\text{总体}) \qquad s^2 = \frac{\sum (x-\bar{x})^2}{n-1}\ (\text{样本})$$

(3)标准差　方差反映变量的变异程度,但由于离均差取了平方和,使它与原始数据的数值和单位不适应,需要将方差开方还原,还原的值即为标准差。

$$\sigma = \sqrt{\frac{\sum (x-\mu)^2}{N}}\ (\text{总体}) \qquad s = \sqrt{\frac{\sum (x-\bar{x})^2}{n-1}}\ (\text{样本})$$

(4)变异系数　当两个样本平均数相差悬殊或单位不同时,用标准差来衡量其变异程度就不合适,可以用样本标准差除以样本平均数的百分比来比较不同样本相对变异程度的大小,即为变异系数。

$$\mathrm{CV} = \frac{s}{\bar{x}} \times 100\%$$

四、平均数的比较

生态学研究中通常要通过比较不同实验组数据间的相似性或差异性来进行结论推断,例

如比较生长在不同土壤中的同一种庄稼的产量，找出哪种土壤更适合庄稼生长。两个实验组间平均数的比较常用 t -检验，多个实验组之间平均数的比较则常先用单因素方差分析进行 F -检验，如果整体有差异，再通过多重比较来进行两两之间的比较。

(一) t -检验

t -检验主要针对小样本($n<30$)而言，用于两样本均数的比较，推断该样本来自的总体均数与已知的某一总体均数 μ_0 有无差异；检验随机变量的数学期望是否等于某一已知值的假设的一种方法。生态学上常用的是样本均数与总体均数比较的 t -检验和成组设计两样本平均数比较的 t -检验。

1. 样本平均数与总体平均数比较的 t -检验

检验某一样本平均数是否和某一指定的总体平均数相同，推断样本平均数所代表的未知总体平均数与已知总体平均数是否相等。

$$t=\frac{|x-\mu|}{s_{\bar{x}}} \qquad s_{\bar{x}}=\frac{s}{\sqrt{n}}$$

2. 成组设计两样本平均数比较的 t -检验

目的是推断两组统计样本分别代表的总体均数是否相等；其检验过程与上述 t -检验无太大差别，只是假设的表达和 t 值的计算公式不同。

$$t=\frac{|\bar{x}_1-\bar{x}_2|}{s_{\bar{x}_1-\bar{x}_2}} \qquad s_{\bar{x}_1-\bar{x}_2}=\sqrt{\frac{s_e^2}{n_1}+\frac{s_e^2}{n_2}} \qquad s_e^2=\frac{s_1^2(n_1-1)+s_2^2(n_2-1)}{n_1+n_2-2}$$

在进行两小样本均数比较的 t -检验前，两样本来自的总体均数需符合正态分布且方差齐性；如果两样本来自的总体不符合正态分布，或方差不齐，就需用别的检验方法。

(二)方差分析

方差分析又称 F -检验，用来比较两个或两个以上样本平均数的差异，主要通过分析不同来源的变异对总变异的贡献大小，从而确定可控因素对研究结果影响力的大小。在一个试验中，有一系列不同的观测值，由于不同原因造成数值的差异，这种差异可能是由处理因素的不同引起的，也可能是试验过程中的偶然因素干扰所导致的，方差分析的基本思想就是将数值的总差异按照变异原因的不同分解为处理效应和误差效应，并进行数量估计。处理因素只有一个称为单因素，两个称为双因素，两个以上称为多因素。若要得到各组均数间更详细的信息，应在方差分析的基础上进行多个样本均数的两两比较，常用的有最小显著差法(LSD)、最小显著极差法(LSR)和新复极差法(SSR)等。

方差分析前提条件为：

(1)正态性　各试验组均数本身具有可比性，各试验组数据符合正态分布。对非正态分布的数据，应考虑用对数变换、平方根变换、倒数变换、平方根反正弦变换等变量转换方法使其分布呈正态或接近正态，再进行方差分析。

(2)可加性　处理效应与误差效应是可加的，并服从方差分析的数学模型。

(3)方差齐性　组间方差要整齐，先要进行多个方差的齐性检验。

(三)非参数检验

生态学研究中采集的数据很多是非正态分布的，可用非参数检验。最常见的是用于两组试验数据比较的非参数检验法，如果要比较的是非正态分布的多个试验组，就需用非参数的相似性分析，再进行非参数多重比较。

五、回归和相关

回归和相关是用来分析两组或两组以上试验数据之间相关关系。生态学研究中经常会遇到两个不同变量密切关联的情况，一个变量发生变化，另一个也会发生相应的变化。相关变量间的关系有因果关系和平行关系，前者指一个变量的变化受另一个或另几个变量的影响，后者变量之间互为因果或共同受到其他因素的影响。统计学上采用回归分析研究变量间的因果关系，采用相关分析研究变量间的平行关系。此处仅介绍直线回归和简单相关。

1. 直线回归

假定有两个相关变量 x 和 y，分别有 n 对观测值：(x_1, y_1)，$(x_2, y_2)\cdots$，(x_n, y_n)。为了能直观地看出 x、y 间的变化趋势，作出散点图，可看出两个变量间的形状、性质和程度。并根据最小二乘法算出直线回归方程。具体方程如下：

$$y = a + bx \qquad a = \bar{y} - b\bar{x} \qquad b = \frac{\sum_{i=1}^{n}(x_i - \bar{x})(y_i - \bar{y})}{\sum_{i=1}^{n}(x_i - \bar{x})^2}$$

式中：x 是可以观测的一般变量（也可以是可以观测的随机变量）；y 是可以观测的随机变量；a 是变量 x 为零时，直线在 y 轴上的截距；b 是直线斜率。

2. 简单相关

相关分析是研究现象之间是否存在某种依存关系，并对其相关方向以及相关程度进行探讨，仅限于测定两个或两个以上变量的相关关系，主要目的是计算出这些变量间的相关程度和性质。相关程度研究变量间相互关系的密切程度，相关方向有正相关和负相关。具体计算公式如下：

$$r = \frac{\sum(x_i - \bar{x})(y_i - \bar{y})}{\sqrt{\sum(x_i - \bar{x})^2 \sum(y_i - \bar{y})^2}}$$

第五节　生态学实验报告的撰写

实验报告是指在科学研究活动中，为了解决或检验某一种科学理论或假设，通过观察、分析、综合、判断，将实验过程和结果用文字进行记录和描述，它是进行科学研究必不可少的重要环节，具有情报交流和保留资料的作用。

一、实验报告的意义

生态学实验包括设计、采样、观测、分析、判断，最后将实验数据进行整理分析，以实验报告的形式进行呈现。撰写实验报告的意义具体表现在以下几个方面：

(1)能加深对理论知识的理解和掌握，理论联系实际。

(2)能养成科学研究的好习惯，提高自身实验水平，养成科学、严谨的态度。

(3)通过实验过程、结果记录、分析，有利于提高科学研究能力，促进科学技术发展。

二、实验报告的特点

1.正确性

实验报告的写作是针对科学实验的客观事实，必须实事求是地记录、描述，保证内容科学，表述真实，判断客观。

2.客观性

实验报告以客观的科学研究事实为对象，是对科学实验过程、结果的真实记录，这些观点和意见都是基于客观事实提出的。

3.实证性

实证性是指实验报告中记录的实验结果能被重复和证实，即按给定的条件重复，都能观察得到相同的科学现象和同样的结果。

4.可读性

可读性是指为解释复杂的实验过程，实验报告的写作除了以文字叙述和说明以外，常借助图片、表格、图示等说明实验过程、解释实验结果等。

5.创新性

创新性就是在科学研究的基础上，以科学客观、实事求是、严肃严谨的态度提出自己的新见解、新发现、新知识，甚至新理论。

三、实验报告的内容

实验报告的撰写是一项重要的基本技能，它可以培养和训练学生的逻辑归纳能力、综合分析能力和文字表达能力，是科学论文写作的基础。实验报告内容与要求如下：

1.实验名称

实验报告的标题，即用最简练的语言反映实验的内容，实验名称应该准确、鲜明、简洁，同时还需将姓名、学号、实验日期和地点等填写完整。如：×××的研究分析。成员、姓名、学号、实验日期（年、月、日）和地点。

2.实验目的

实验目的主要是为了说明进行实验的主要理由，目的明确、简明扼要。在理论上能使实验者获得深刻、系统的理解，在实践上能掌握使用实验设备的技能技巧和调试方法。需说明实验类型是验证型实验、设计型实验、创新型实验还是综合型实验等。

3.实验原理

实验原理遵循实验的科学性与客观性，是实验进行的理论依据，实验设计的依据必须是经过证明的科学理论，是分析实验现象和实验结果出现的原因。

4.实验材料

实验材料指在实验中需要用到的实验用物，包括药品、试剂、仪器及对环境的要求等。

5.实验步骤

实验步骤主要写操作步骤，要简明扼要；还可画出实验流程图（实验装置的结构示意图），再配以相应的文字说明，这样既可以节省许多文字说明，又能使实验报告简明扼要；同时对需要注意的问题，如关键环节、关键步骤、安全事项等进行重点强调或标注。

6.实验结果

实验结果是对实验现象的描述，实验数据的处理等。原始资料应附在相关实验主要操作者的实验报告上。对于实验结果的表述，一般有3种方法：文字叙述、图表、曲线图等。通过实验结果推断实验结论，它不是具体实验结果的再次罗列，也不是对今后研究的展望，而是针对这一实验所能验证的概念、原则或理论的简明总结，是从实验结果中归纳出的一般性、概括性的判断，要简练、准确、严谨、客观。

7.分析讨论

根据相关的理论知识对所得到的实验结果进行解释和分析。如果所得到的实验结果和预期的结果一致，那么它可以验证什么理论？实验结果有什么意义？说明了什么问题？这些都是实验报告需要讨论的。需要注意的是，不能将已有的理论或经验直接套在实验结果上；更不能随意取舍或修改实验结果，应该分析其可能原因或注意事项。另外，也可以写一些实验总结、经验、心得、反思或问题建议等。

第六节　生态学研究论文的撰写

生态学的研究包括实（试）验设计、采样、测定、分析、推断，最后把研究结果以论文的形式表现出来。

一、论文格式

完整的研究论文常用的格式主要包括：题名、作者和作者单位、摘要、关键词、引言、正文、结论、致谢（自行选择）、参考文献等。

1.题名

题名是全文的高度概括和总结，应涵盖受试对象、试验因素、试验效应及动态变化等内容；须体现研究的价值性、实用性及创新性等；一般20个字左右，简短精练、直观新颖。

2.作者和作者单位

作者的署名关系着著作权的归属，是文责自负的承诺，也是读者联系的依据。署名可以是单独的个人、合作者，也可以是团体作者，署名的先后应该按照在研究过程中的实际贡献大小填写实名，并用逗号“，”隔开。作者的单位、地址与联系方式是作者的重要信息，书写时一定要保证名称的正确性和完整性，不同工作单位的作者在姓名的右上角按序加注不同的阿拉伯数字；同一位作者不同的工作单位，也需按照研究单位和合作单位的贡献大小进行标注；在各相应的工作单位名称前加上与作者右上角相同的序号，并以分号“；”隔开。

3.摘要

摘要相当于整篇论文的中心思想，读者可通过摘要的内容掌握整篇论文的主旨。其具体内容包括研究目的、研究对象、研究方法、研究结果、研究结论及其适用范围，其中研究目的、研究方法、研究结果和研究结论是必不可少的。通常字数控制在300字以内，具体描述时不使用图、表、学术用语、缩略语、代号等，中英摘要内容保持一致。

4.关键词

关键词是具有代表性、可检索性、规范性的词和短语，对论文起着关键作用，一般3～7个，必须用规范科学的术语，中英文须一一对应。

5.引言

论文的引言又叫前言、导言、绪言等，是全文引导性的短文，旨在表达开展相关研究的来龙去脉，回答“为什么研究”这个问题。主要包括国内外研究概况、历史背景、研究目的、设想依据、预期结果与研究意义。

6.正文

正文是论文的主体部分，是全篇论文的核心，其主要内容包括研究对象和方法、研究内容和假设、研究步骤及过程、研究结果与分析讨论。正文中主要通过图表、数值统计、文献资料

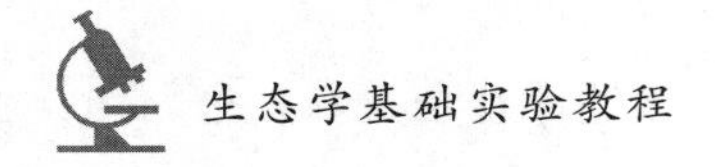

等，提出论点、论据，并进行论证。正文应充分阐明论文的观点、原理、方法、目标等，并体现研究的学术性、科学性及创新性。

7. 结论

结论部分是对整篇论文的总结，主要包括研究结果说明了什么、解决了什么实际问题等，实事求是地提出研究缺点和疑点，并提出今后的研究方向。

8. 致谢

致谢部分主要是作者对在研究和论文撰写过程中提供实质性贡献和帮助的单位或个人表示谢意，言辞简短恰当、实事求是。

9. 参考文献

参考文献作为论文的最后部分，主要为了标明论文中某些论点、数据、资料等的出处，既有利于反映论文的科学性，也是对他人研究成果的尊重。参考文献需注意其公开性、权威性和时效性，尽量选用近年最新的研究成果，且其格式也必须按照相应的规范进行书写。

二、参考文献格式及其文献类型标识

1. 参考文献格式

(1)期刊　[序号]作者. 题名[J]. 刊名，出版年，卷(期)：起止页码.

(2)专著　[序号]作者. 题名[M]. 版本. 出版地：出版社，出版年：起止页码.

(3)论文集　[序号]作者. 题名[C]//编者. 论文集名. 出版地：出版社，出版年：起止页码.

(4)学位论文　[序号]作者. 题名[D]. 保存地点：保存单位，年份.

(5)专利文献　[序号]专利所有者. 专利题名[P]. 专利国别，专利号，公开日期.

(6)技术标准　[序号]标准编号，标准名称[S]. 出版社，出版年.

(7)报纸　[序号]作者. 题名[N]. 报纸名，出版日期.

(8)报告　[序号]主要责任者. 题名[R]. 出版地：出版者，出版年：起止页码.

(9)电子文献　[序号]作者. 题名[EB/OL]. 电子文献出处或可获得地址，发表或更新日期或引用日期.

2. 文献类型与标识(表 1-1)

表 1-1　常用类型及标识

常用文献标识	期刊	专著	论文集	学位论文	专利	标准	报纸	技术报告
	[J]	[M]	[C]	[D]	[P]	[S]	[N]	[R]
电子文献载体类型	磁带	磁盘	光盘	联机网络				
	[MT]	[DK]	[CD]	[OL]				
电子文献载体类型的参考文献类型标识	联机网上数据库	磁带数据库	光盘图书	磁盘软件	网上期刊	网上电子公告		
	[DB/OL]	[DB/MT]	[M/CD]	[CP/DK]	[J/OL]	[EB/OL]		

第二章　个体生态学

实验一　地理位置、地形地貌和地质状况观测

【实验目的】

1. 了解地理位置的观测及其表示方法。
2. 掌握地形地貌的观测方法并熟悉地形图的应用。
3. 掌握野外地质状况的观测方法。

【实验原理】

1. 地理位置

地理位置观测包括高程、距离、角度、坐标等，地球上的任何一点的空间位置都可以用该点所在的经度、纬度、高程的三维立体坐标来表示。

高程可分为绝对高程和相对高程，绝对高程也叫海拔高度，是指地面点沿垂线方向至某一滨海地点的平均海平面的距离，我国规定以黄海平均海平面作为高程的基准面，作为全国高程的起算点；相对高程则是选定任何一个水平面作为高程的基准面，这个假定的水平面和地面某点的垂直距离即为相对高程。

距离测量也是确定地面点位置的基本指标之一，常用的距离测量有卷尺测距、视距测量和电磁波测距等。卷尺测距是用可卷的软尺沿地面直接丈量；视距测量是用水平仪或经纬仪等按几何光学原理进行测距；电磁波测距是用红外线、激光或微波，按其传播速度及时间测定距离。

角度有水平角、垂直角，是确定地面点位置的基本指标，水平角是测站点至两目标方向线在水平面上投影的夹二面角，通常在 0°～360°范围内按顺时针方向量取；垂直角是在同一铅垂面内，某方向的视线与水平线的夹角，通常用 α 表示，范围在 0°～90°之间。

经度是地球上一个地点距离本初子午线的南北方向走线以东或以西的度数(规定英国伦敦格林尼治天文台原址的经线作为 0°经线)，向东度量 0°～180°为东经，向西度量 0°～180°为西经，国际上用字母“E”表示东经，用“W”表示西经。纬度是某地铅垂线方向和赤道面之间的夹角，数值在 0°～90°间，向北度量 0°～90°为北纬，向南度量 0°～90°为南纬，用“N”表示北纬，用“S”表示南纬。

2.地形地貌

地形地貌是营力、岩石、构造和时间共同作用的结果和综合产物，不同的地区经历着不同的地貌水文过程，形成了不同类型和特色的地貌类型和生态系统类型，它是生态环境因子的基本要素之一，也是生态过程、生态系统发生发展的基础和载体。地貌形态即用文字描述地表形态特征，可通过实地情况和地形图，对地面形态、地貌结构、地貌组合以及空间布局进行综合观察，如高山、丘陵、平原等；可结合具体指标进行定性或定量的描述分析，如高度、坡度、坡向等。

地形图是按一定的比例尺将地表起伏形态、地理位置和形状缩绘在水平面的图纸上。根据地图比例尺大小，通常有大比例尺地形图（1∶500、1∶1 000、1∶2 000、1∶5 000）、中比例尺地形图（1∶10 000、1∶50 000、1∶100 000）、小比例尺地图（1∶200 000、1∶500 000、1∶1 000 000）。大比例尺地形图主要为城市和工程建设需要绘制；中比例尺地形图是国家的基本图，由国家测绘部门负责；小比例尺地形图一般由中比例尺地形图缩小编绘。在实际工作和生态学调查研究中，根据需要选择不同比例尺的地形图（表 2-1）。

表 2-1　地形图比例尺及应用

名称	比例尺	用途
大比例尺	（1∶500）～（1∶10 万）	专业调查、规划设计、工程建设、区域布局、军事射击
中比例尺	（1∶25 万）～（1∶50 万）	国家基本图、总体规划、工程设计、军事战略计划
小比例尺	小于 1∶100 万	全国性专题图底图、军事战略规划及态势图

3.地质状况

地质状况是地形地貌发育及生态环境形成的基础，野外调查时，通常包括矿物组成的鉴定、岩性分析、岩层产状测量、地质构造观测、地质过程分析等内容。

岩石矿物组成最简单的方法是肉眼鉴定法，根据矿物的外表特征、物理性质，如形态、颜色、光泽、节理等鉴定，另外还有吹管、研磨、化学、光谱、电子显微镜、X 射线等方法。

岩石种类主要通过岩石的颜色、结构、构造、矿物成分等进行观察确定。岩浆岩、变质岩、沉积岩的具体鉴定还应参照野外考察方法的相关书籍。

岩层产状要素包括岩石的走向、倾向和倾角，通常用地质罗盘进行测量。走向是岩层层面与任一假想水平面的交线，走向线两端延伸的方向称岩层的走向，岩层的走向也有两个方向，相差 180°，岩层的走向表示岩层在空间的水平延伸方向；倾向是岩层面上与走向线垂直并沿斜面向下所引的直线，倾斜线在水平面上的投影所指示的方向称岩层的倾向，表示岩层向哪个方向倾斜；倾角是岩层面上的倾斜线和它在水平面上投影的夹角，倾角的大小表示岩层的倾斜程度。

【实验材料】

卷尺、水平仪、经纬仪、直尺、三角板、量角器、地质罗盘、地形图。

【方法步骤】

一、地理位置

(一)高程测量

高程测量的方法有水准测量、三角高程测量、GPS 高程测量等,此处主要介绍水准测量的基本方法。水准测量是利用水准仪(图 2-1)提供的“水平视线”,测量两点间高差,从而由已知点高程推算出未知点高程。

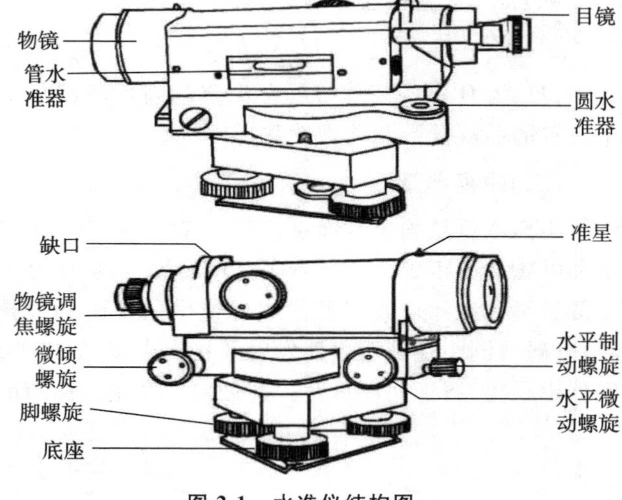

图 2-1　水准仪结构图

1. 水准测量

安置—粗平—瞄准—精平—读数。

(1)查看具体型号的说明书,安置并固定三脚架,取出水准仪,并将其固定在三脚架上。

(2)调节脚螺旋使水准仪的圆水准器气泡居中。

(3)松开制动螺旋,调节目镜,使十字丝成像清晰;通过望远镜筒上方的照门和准星瞄准水准尺,旋紧自动螺旋;转动物镜对光螺旋,使水准尺成像清晰;转动微动螺旋,使十字丝的竖丝瞄准水准尺边缘或中央;眼睛在目镜端上下移动,直至尺像与十字丝平面重合。

(4)眼睛从观察窗看水准气泡影像,缓慢转动微倾螺旋,使气泡两端影像严密吻合。

(5)待符合水准器气泡居中后,立即读取十字丝中丝在水平尺上的读数,从小数向大数进行读数;若从望远镜中看到的水准尺影像是倒像,在尺上则应从上到下读数;同时检查水准器气泡居中情况并进行适时的精平调节。

2. 连续水准测量

当地面两点间的距离较长或地形的起伏比较大时,仪器安置需要多点连续测定两点间的高差,进行可连续分段测量,并将各段高差累计求得两点间的高差值(图 2-2)。

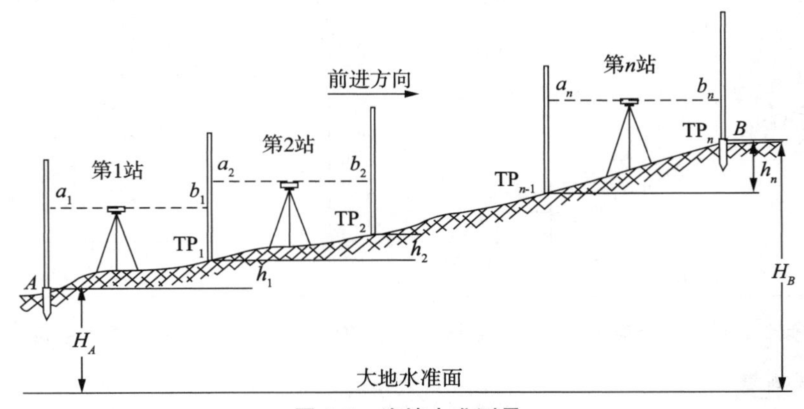

图 2-2　连续水准测量

例如：A 点高程已知，测定 B 点高程。

$$H_B = H_A + h_{AB} \qquad h_{AB} = \sum h = \sum a - \sum b$$

式中：H_B 为 B 点的高程，H_A 为 A 点的高程，h_{AB} 为 A 点与 B 点间的累计高差，a 和 b 分别为各个站点的后视读数和前视读数。

(二)距离测量

距离测量是确定地面点位置的基本内容之一，常用的距离测量方法有卷尺测距、视距测量和电磁波测距等。卷尺测距是用卷尺工具(图 2-3)对地面进行直接丈量，属于直接量距；视距测量是用经纬仪或水平仪望远镜中的视距标尺按照几何光学原理进行测距，属于间接量距；电磁波测距是利用仪器发射及接受光波，如红外线、激光、微波等，按照其传播的速度及时间测定距离，属于间接量距。此处主要介绍最简单的直接量距——卷尺测距。

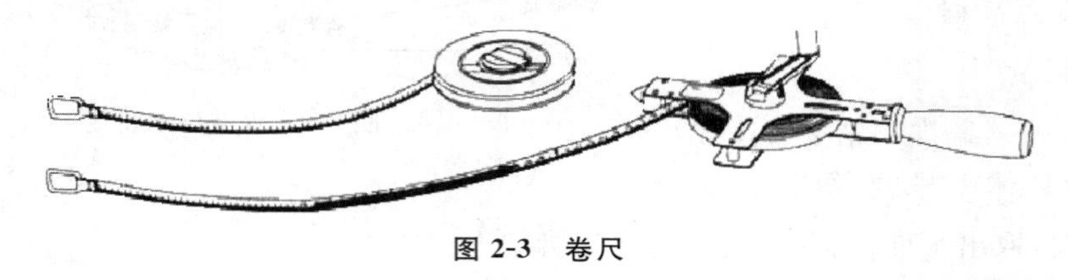

图 2-3 卷尺

水平距离量距，从起点 A 直接用卷尺或测距仪在给定方向上，丈量待放样的水平距离，得到 B 点。为了检核其准确性，应往返丈量至少两次，取其平均值作为最终结果(图 2-4)。

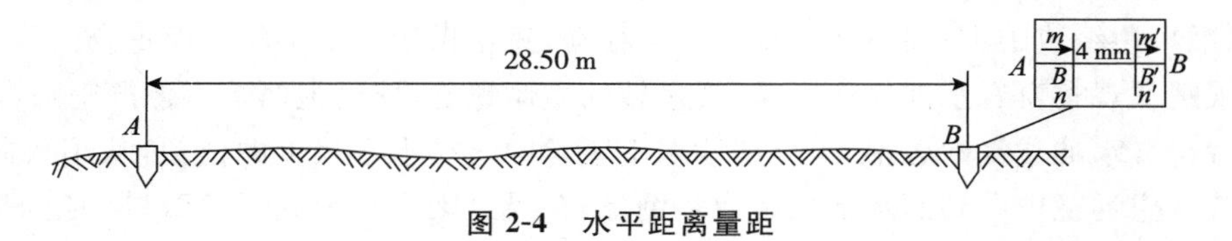

图 2-4 水平距离量距

倾斜地面进行水平距离量距，有平量法(图 2-5)和斜量法(图 2-6)，具体量距计算如下：
平量法：$D=nl+\Delta l$ （n 为丈量的整尺段数，l 为整尺段的长度，Δl 为零尺段长度）
斜量法：$D=L\cos\alpha$ （α 为地面倾角，L 为倾斜距离）

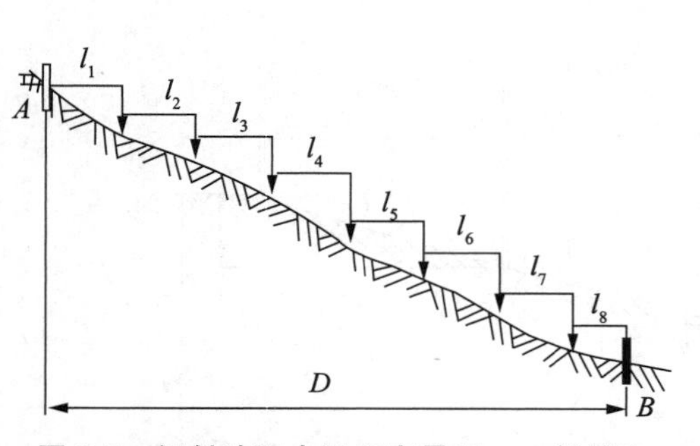

图 2-5 倾斜地面水平距离量距——斜量法

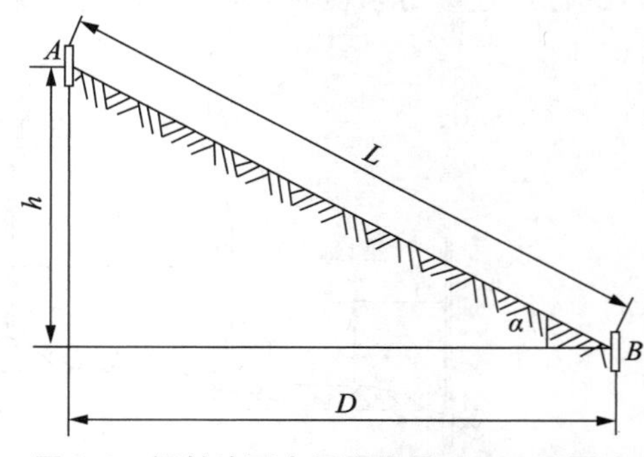

图 2-6 倾斜地面水平距离量距——平量法

(三)角度测量

角度测量也是确定地面点位置的基本指标之一，分为水平角测量和竖直角测量，主要利用经纬仪(图 2-7)进行测量。

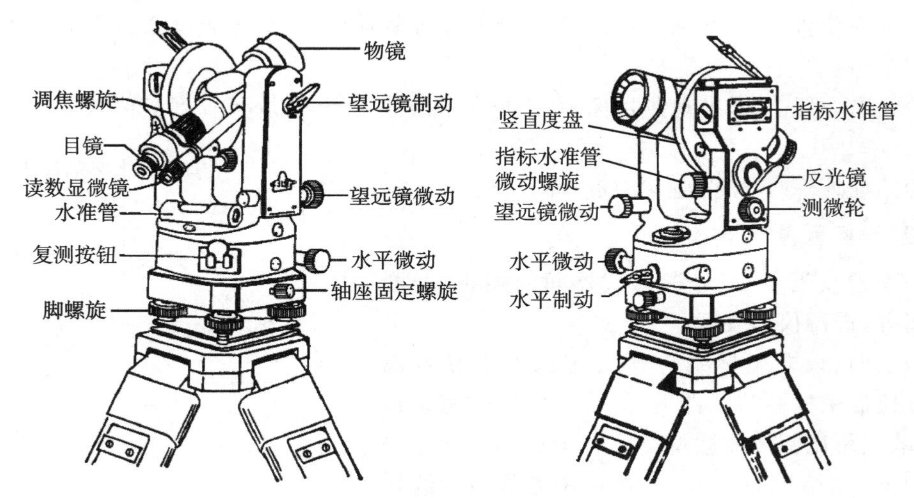

图 2-7　DJ6 型光学经纬仪结构图

1. 水平角测量(图 2-8)

主要有测回法和方向观测法两种,其中测回法是水平角观测的基本方法。具体以 B 点为观测站点,A、C 为观测目标,测定 AB 与 BC 间的夹角 β。

(1)安置仪器　在观测点 B 处安置仪器,A、C 两个观测站点处竖立测杆或测钎等,作为目标标志。

(2)盘左位置　瞄准左边目标 A,读取水平度盘读数 a_L,瞄准右目标 C,读取水平盘读数 b_L,此为上半测回;盘左位置的水平角角值为 $\beta_L=b_L-a_L$。

(3)盘右位置　瞄准右边目标 C,读取水平度盘读数 a_R,瞄准左目标 A,读取水平盘读数 b_R,此为下半测回;盘右位置的水平角角值为 $\beta_R=b_R-a_R$。

(4)角度计算　如果上、下两半测回角之差小于等于 40″,认为观测合格,则测回角 $\beta=(\beta_L+\beta_R)/2$。

2. 竖直角测量(图 2-9)

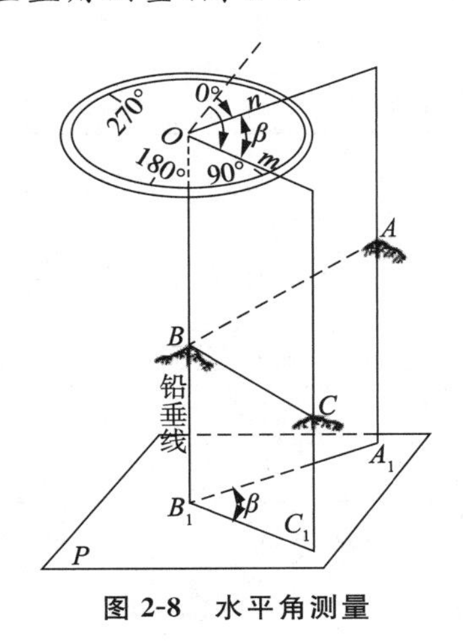

图 2-8　水平角测量

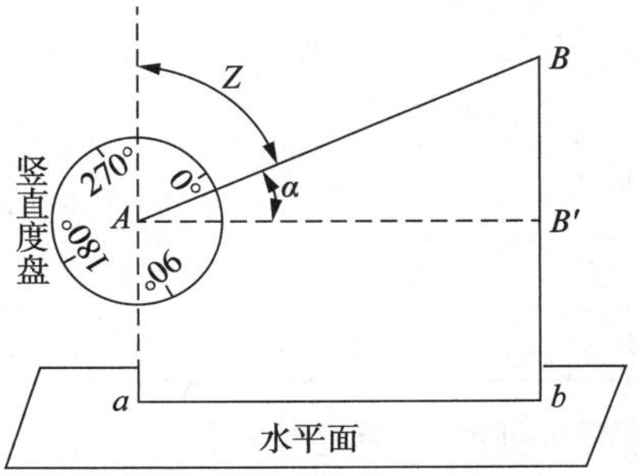

图 2-9　竖直角测量

(1)安置仪器　在观测点 A 处安置仪器，B 为观测站点，作为目标标志。

(2)盘左位置　瞄准观测目标 B，使竖盘水准管居中，读取竖直度盘读数 a_L，竖直角角值为 $\alpha_L=90-a_L$。

(3)盘右位置　瞄准观测目标 B，使竖盘水准管居中，读取竖直度盘读数 a_R，竖直角角值为 $\alpha_R=a_R-270$。

(4)角度计算　竖直角 $\alpha=(\alpha_L+\alpha_R)/2$。

(四)坐标测量

(1)安置仪器　充分考虑仪器间的通视、交会角、距离等，进行仪器安置。

(2)定向、设立坐标系　确定基线长和仪器高差，设立仪器坐标系和工件坐标系；一般通过测量标准杆两端点用比例法或测量空间若干点用光速平差法计算得到初始参数；也可以将初始参数与后续被测点坐标一起整体平差计算。

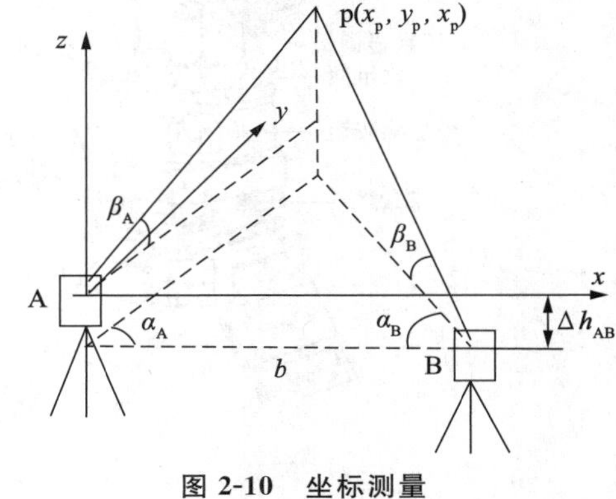

图 2-10　坐标测量

(3)测量　两台仪器同时照准被测点，由水平角、垂直角 4 个观测量计算三维坐标，计算方法分为简单平差、整体平差、序贯平差等。见图 2-10。

(4)计算　由已知点估计待求几何参数，一般采用最小二乘法。坐标计算公式为：

$$x_p=b\cdot\frac{\sin\alpha_A\cdot\sin\alpha_B}{\sin(\alpha_A+\alpha_B)}\qquad y_p=b\cdot\frac{\cos\alpha_A\cdot\sin\alpha_B}{\sin(\alpha_A+\alpha_B)}\qquad z_p=b\cdot\frac{\sin\alpha_A\cdot\mathrm{tg}\alpha_B}{\sin(\alpha_A+\alpha_B)}$$

式中：b 为仪器 A 和 B 间的水平距离，称为基线长；Δh_{AB} 为 A、B 两仪器之间的高差。

二、地形地貌

(一)地面形态、地貌结构、地貌组合以及空间布局

在野外调查中，为了能快速获取调查区域地形地貌的相关特征，可结合实地情况及地形图，对地面特征线、地面形态、地貌结构、地貌组合及空间布局进行综合观测分析(表 2-2、表 2-3和图 2-11)。具体操作步骤如下：

表 2-2　常见地形地貌特征描述

名称	描述
地势	高低、起伏、倾斜 地势×× 高×× 低，地势由×× 向×× 倾斜，地势平坦(崎岖)等
地形	平原、高原、山地、丘陵、盆地 地形以平原(高原、丘陵、山地、盆地)为主，主要分布在×××
海岸线	海岸线曲折、平直等
特殊地形	喀斯特地貌 、风力地貌、流水地貌等

(1)地面特征线　确定地性线、分水线、汇水线、坡折线、坡麓线等。

(2)地面形态类型　判断山地、平原、丘陵、盆地及其他一些中、小地貌形态。

(3)形态描述和计量　形态计量、形态指数、地貌结构、空间分布。

(4)成因与规律　地貌成因、地貌组合规律、地貌空间结构与分布。

表 2-3　地貌大全

序号	名称	主要特点
1	丹霞地貌	由巨厚的红色砂岩、砾岩组成的方山、奇峰、峭壁、岩洞和石柱等特殊地貌的总称；具顶平、坡陡、麓缓的形态特点；以中国广东省韶关市仁化县境内的丹霞山为典型。
2	喀斯特地貌	具有溶蚀力的水对可溶性岩石进行溶蚀等作用所形成的地表和地下形态的总称；主要分布在碳酸盐岩出露地区，以贵州、广西和云南东部所占的面积最大。
3	海岸地貌	海岸在构造运动、海水动力、生物作用和气候因素等共同作用下形成的各种地貌的总称；根据海岸地貌的基本特征，可分为海岸侵蚀地貌和海岸堆积地貌两大类。
4	海底地貌	海水覆盖下的固体地球表面形态的总称；海底有高耸的海山、起伏的海丘、绵延的海岭、深邃的海沟、也有坦荡的深海平原。
5	风积地貌	风力堆积作用形成的地表形态；在干旱与半干旱气候及风沙来源丰富的条件下，经风力搬运作用后堆积形成的；风积地貌的基本类型是沙丘。
6	风蚀地貌	风力吹蚀、磨蚀地表物质所形成的地表形态；风蚀地貌的主要类型有风蚀石窝、风蚀蘑菇、雅丹地形、风蚀城堡、风蚀垅岗、风蚀谷、风蚀洼地。
7	河流地貌	河流作用于地球表面，经侵蚀、搬运和堆积过程所形成的各种侵蚀、堆积地貌的总称；河流一般可分为上游、中游与下游 3 个部分；地貌类型中包括侵蚀与堆积地貌两类，前者有侵蚀河床、侵蚀阶地、谷地、谷坡，后者含河漫滩、堆积阶地、冲积平原、河口三角洲等；河流阶地是河流地貌中重要的地貌类型，可以分为侵蚀阶地、堆积阶地(分上叠与内叠阶地)、基座阶地和埋藏阶地。
8	冰川地貌	由冰川的侵蚀和堆积作用形成的地表形态；冰川地貌可分为冰川侵蚀地貌和冰川堆积地貌；主要分布在极地、中低纬度的高山和高原地区。
9	冰碛地貌	冰碛物堆积的各种地形总称冰碛地貌；主要的冰碛地貌有冰碛丘陵、侧碛堤、终碛堤、鼓丘等。
10	冰缘地貌	由寒冻风化和冻融作用形成的地表形态；冰缘作用形成的主要地貌类型有石海、石河、多边形土和石环、冰丘和冰锥、热融地貌、雪蚀洼地。
11	湖泊地貌	由湖水作用(包括湖浪侵蚀、搬运和堆积作用)而形成的各种地表形态；当湖泊不断填充淤塞，湖水变浅，逐渐向沼泽方向演化形成沼泽。
12	构造地貌	由地质构造作用形成的地貌；主要类型有板块构造地貌、断层构造地貌、褶曲构造地貌、火山构造地貌、熔岩构造地貌和岩石构造地貌。
13	重力地貌	坡地上的岩体或土体在自身重力的作用下，发生位移所形成的地表形态；按运动方式分为崩落、滑动、蠕动 3 类。
14	黄土地貌	发育在黄土地层中的地形；黄土地貌类型主要有黄土沟间地、黄土沟谷、黄土潜蚀地貌。
15	雅丹地貌	中国内陆荒漠里一种奇特的地理景观，它是一列列断断续续延伸的长条形土墩与凹地沟槽间隔分布的地貌组合。雅丹地貌的形成有两个关键因素：一是发育这种地貌的地质基础，即湖相沉积地层；二是外力侵蚀，即荒漠中强大的定向风的吹蚀和流水的侵蚀。
16	人为地貌	人的作用在地球表面塑造的地貌体的总称。人为地貌可以分为 4 个方面：人类活动直接对地表有利和有破坏性的改造、人类通过农业生产利用的土地改造、人类为发展城市建立新的城市地貌系统、人类通过大量工程技术活动的地貌改变。

地形	山地山峰	盆地洼地	山脊	山谷	鞍部	峭壁陡崖
表示方法	闭合曲线外低内高	闭合曲线外高内低	等高线凸向山脊连线低处	等高线凸向山谷连线高处	一对山谷等高线组成	多条等高线汇合重叠在一处
示意图	山顶 山坡 山底		山脊	山谷	鞍部	
等高线图			800 400	600 400 200		
地形特征	四周低中部高	四周高中部低	从山顶到山麓凸起部分	从山顶到山麓低凹部分	相邻两个山顶之间，呈马鞍形	近于垂直的山坡，称峭壁。峭壁上部突出处，称悬崖或陡崖
说明	示坡线画在等高线外侧，坡度向外侧降	示坡线画在等高线内侧，坡度向内侧降	山脊线也叫分水线	山谷线也叫集水线	鞍部是山谷线最高处、山脊线最低处	

图 2-11　常见地貌形态及其等高线表示方法

（二）地形图

地形图是国民经济规划建设中必不可少的图面资料，在生物科学中的林业规划、森林资源清查、造林营林、木材采伐等都经常用到。地形图使用方法如下：

（1）判定方向　避开高压线、钢铁等可能影响磁针感应的物体，平放指北针，待磁针静止后，磁针北端就是北方，背后即为南方，左边是西，右边为东。另外也可利用太阳方位、时表、北极星及自然特征等判定方位、

（2）地图使用　标定地图方位，使地图与现地的东、南、西、北方向一致，可以利用指北针和北极星进行标定。利用指北针标定时，主要依据磁子午线、坐标纵线、真子午线进行标定；利用北极星标定时，先找到北极星，使地图的上方概略朝北，然后沿东（西）内图廓向北极星瞄准即可。

（3）确定站立点于图上　主要根据地形特征确定，能找到两个以上已知点时，可采用后方交会法，准确标定地图方位，从图上和现地分别找准两个明显地形特征点，将三棱尺靠在图上的山顶上，向现地山顶瞄准并划方向线，然后将三棱尺靠在图上的居民地符号上，向现地居民地瞄准并画方向线，两方向线交点就是站立点。当站立点距离明显地形较远时，可在标定好方位的地图上通过现地明显地形和图上相应的地形符号画方向线，然后目测站立点至该明显地形特征点的距离，依比例尺在方向线上确定站立点。

（4）现地对照地形　现地对照地形，通常是在标定地图、确定站立点的基础上进行的。具体内容有：找到现地和图上都有的目标，现地有的图上没有的目标要能确定其在图上的位置；图上有的而现地没有的应找出原来的现地位置。

（5）确定目标点于图上　当目标在明显地物、地貌特征上时，在图上找到该地物、地貌符号，就可以将目标确定于图上；若目标在明显地物、地貌特征点附近时则依其方向、距离与地形的关系位置，即可将目标确定于图上；当目标较远时，可采用前方交会法，确定目标物在图上的位置时，先选定两个已知点为测点，在第一测点标定地图，将三棱尺通过第一测点向突出

目标物瞄准，并画方向线，然后到第二测点标定地图，将三棱尺通过第二测点向突出目标物瞄准，并画方向线，两线的交点就是突出目标物的图上位置。

三、地质状况

（一）矿物鉴定、岩石种类

矿物鉴定是指根据矿物的外形、光学性质、力学性质等通过肉眼或仪器对矿物进行甄别。一般鉴定分两个步骤：第一步是地质工作者根据矿物的外形和物理性质进行肉眼鉴定；第二步是在室内运用一定的仪器和药品进行分析和鉴定，有偏光显微镜鉴定法、化学分析法、X 射线分析法、差热分析法等。

肉眼鉴定岩石种类，最主要是利用岩石的形状、颜色、光泽、硬度、结构、构造、矿物成分及其次生变化等特征进行观察鉴别，然后确定其岩石种类（表 2-4）。

表 2-4　矿物鉴定描述

光泽	颜色	条痕	透明度
金属光泽	金属色或黑色	深色或金属色	不透明/半透明/透明
半金属光泽	深色	浅色或彩色为主，有时为深色	
非金属光泽	金刚光泽	浅（彩色）	无色或白色，有的为浅色
玻璃光泽	无色或白色	无色或白色	

（1）形状　由于矿物的化学组成和内部结构不同，形成的环境也不一样，往往具有不同的形状。凡是原子或离子在三度空间按一定规则重复排列的矿物就形成晶体，晶体可呈菱面体、柱状、针状、片状等；矿物的集合体可呈放射状、粒状、葡萄状、钟乳状、土状等。

（2）颜色　是矿物对光线的吸收、反射的特性。各种不同的矿物往往具有各自特殊的颜色，许多矿物就以颜色命名，它对鉴定矿物、寻找矿产以及判别矿物的形成条件都有重要意义。

（3）条痕　指矿物粉末的颜色，可将矿物在白色无釉的瓷板上擦划，便可得到条痕。由于矿物粉末可以消除一些杂质造成的假色，因此条痕的颜色更能真实地反映矿物的颜色。

（4）光泽　指矿物表面对可见光的反射能力，光泽的强弱主要取决于矿物折射率吸收系数和反射率的大小。

（5）硬度　矿物抵抗外力的刻画、压入、研磨的能力，一般用两种不同矿物互相刻画来比较硬度的大小。硬度一般划分为 10 级（表 2-5）。

表 2-5　矿物硬度等级

硬度等级	代表矿物	硬度等级	代表矿物
1	滑石	6	正长石
2	石膏	7	石英
3	方解石	8	黄玉
4	萤石	9	刚玉
5	磷灰石	10	金刚石

(6)解理和断口　在受力作用下，矿物晶体沿一定方向发生破裂并产生光滑平面的性质叫解理，沿一定方向裂开的面叫解理面。解理有方向的不同(如单向解理、三向解理等)，也有程度的不同(完全解理、不完全解理)。如果矿物受力，不是按一定方向破裂，破裂面呈各种凸凹不平的形状(如锯齿状、贝壳状)，叫断口。

(二)岩层产状测定

岩石产状要素主要包括岩层走向、岩层倾向、岩层倾角3个部分，通常使用地质罗盘(图2-12)进行测定，具体测定方法如下：

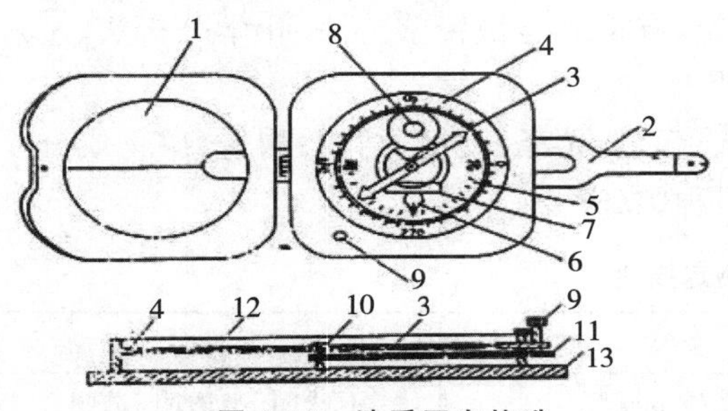

图2-12　地质罗盘构造

1.反光镜　2.瞄准觇板　3.磁针　4.水平刻度盘　5.垂直刻度盘　6.垂直刻度指示器　7.垂直水准器　8.底盘水准器　9.磁针固定螺旋　10.顶针　11.杠杆　12.玻璃盖　13.罗盘仪圆盆

(1)岩层走向测定　将地质罗盘长边(与N、S刻划线平行的一边)与层面紧贴，使整个罗盘的长边贴在岩层面上，然后转动罗盘，使底盘水准器的水泡居中，并在磁针静止时，读出磁针所指刻度的数值，即为岩层走向。

(2)岩层倾向测定　先将地质罗盘的N端或接物觇板指向倾斜方向，再将地质罗盘的S端(短边)底积线紧贴岩层面，转动罗盘，使罗盘底盘水准器的水泡居中，并等磁针静止后，读取指北针所指的度数，即为岩层倾向。

(3)岩层倾角测定　先拧紧地质罗盘上的磁针固定螺旋，使它顶住磁针，再将地质罗盘侧竖起来，使有分度弧的长边紧贴在岩层面上，与倾斜线重合或平行，拨动地质罗盘底部活动扳手，使测斜水准器的气泡居中，读出悬垂针所指的数值，即为岩层的真倾角数值(图2-13)。

【注意事项】

1.指标测定时须严格按照仪器操作步骤进行使用。

2.水平角测量时，水平盘为顺时针标注，计算水平角时，总是用右目标读数减去左目标读数，如果不够减，则应在右目标的读数上加360°再减去左目标的读数，绝不可以倒过来减。

3.竖直角测量时，每次读数前必须使竖盘指标水准管气泡居中，采用了竖盘指标自动归零装置的经纬仪，整平、瞄准目标后，打开自动补偿器。

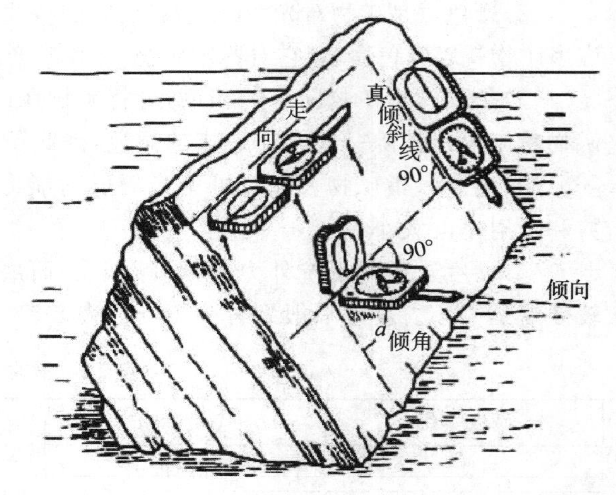

图2-13　岩层产状测定

4.坐标测量时尽量减少定向误差，包括标准杆长度、精度、安放位置、定向方向等，操作时注意瞄准精度，并保证靶标标记清晰。

【结果分析】

1. 测定并分析调查区域的地理位置。

调查区域		
名称	测量	备注
高程		
距离		
角度		
坐标		

2. 描述调查区域的地形地貌特征。

调查区域		
名称	测量	备注
地面形态		
地貌结构		
地貌组合		
空间布局		

3. 确定调查区域的地质状况。

调查区域		
名称	测量	备注
矿物组成		
岩性分析		
岩层产状		

【思考练习】

如何描述一个区域的地理位置、地形地貌和地质状况？

实验二　大气生态因子的测定

【实验目的】

1. 了解不同区域的大气生态因子的差异及其对植物生长发育的影响。

2. 掌握大气生态因子观测及其观测方法。

【实验原理】

大气是地球表面到高空 1 100 km 或 1 400 km 范围内的空气层，在地面以上约 12 km 范围内的空气层中，在对流层形成风、云、雨、雪、雾等各种天气现象，大气污染也主要发生在该对流层。空气是复杂的混合物，其成分以 CO_2 和 O_2 的生态意义最大。本实验测定的大气生态因子包括大气温度、大气湿度、大气压、风向、风速等。

1. 大气温度

大气温度是表示空气冷热程度的物理量，是大气主要状态、气象要素中主要要素之一。常用的温度表有水银或酒精为感应液的玻璃液体温度表，当温度表与空气接触时，球部与空气间便发生热量交换，如果空气温度升高，温度表球部便吸收空气中的热量，球部的玻璃和水银(酒精)都受热而膨胀，然而水银(酒精)膨胀量远比玻璃大，所以一部分水银(酒精)被迫进入毛细管中，于是毛细管内水银柱便随之升高，直到热量交换平衡时为止，这时水银柱(酒精柱)随之下降，反之，气温降低时，毛细管内的水银柱(酒精柱)随之下降，直到热量交换平衡为止，因此，温度表水银柱(酒精柱)的示度也能表示气温的高低。

2. 大气湿度

大气湿度是表示大气干燥程度的物理量。在一定的温度下在一定体积的空气里含有的水汽越少，则空气越干燥；水汽越多，则空气越潮湿。在此意义下，常用绝对湿度、相对湿度、比较湿度、混合比、饱和差以及露点等物理量来表示。湿度有 3 种基本形式，即水汽压、相对湿度、露点温度。水汽压(曾称为绝对湿度)表示空气中水汽部分的压力，单位以百帕(hPa)为单位，取一位小数；相对湿度用空气中实际水汽压与当时气温下的饱和水汽压之比的百分数表示，取整数；露点温度是表示空气中水汽含量和气压不变的条件下冷却达到饱和时的温度，单位用摄氏度(℃)表示，取一位小数。配有湿度计时可以测定相对湿度的连续记录和最小相对湿度。

3. 大气压

大气压是作用在单位面积上的大气压力，即在数值上等于单位面积上向上延伸到大气上界的垂直空气柱所受到的重力。气压大小与高度、温度等条件有关。一般随高度增大而减小。在水平方向上，大气压的差异引起空气的流动。表示气压的单位，常用水银柱高度。气压的国际制单位是帕斯卡，简称帕，符号是 Pa；气象学中，人们一般用千帕(kPa)或百帕(hPa)

作为单位。

4.风向风速

风既有大小，又有方向，因此，风的预报包括风速和风向两项。风向，是指风吹来的方向。一般在测定时有不同的方法。主要分海洋、大陆、高空进行确定。风向的测量单位，我们用方位来表示。陆地上一般用16个方位表示，海上多用36个方位表示，在高空则用角度表示。用角度表示风向，是把圆周分成360°，北风(N)是0°(即360°)，东风(E)是90°，南风(S)是180°，西风(W)是270°，其余的风向都可以由此计算出来。风速，是指空气相对于地球某一固定地点的运动速率，常用单位是m/s，1 m/s = 3.6 km/h。风速没有等级，风力才有等级，风速是风力等级划分的依据。一般来讲，风速越大，风力等级越高，风的破坏性越大。

【实验材料】

DHM2通风干湿表、刻度尺、弹簧测力计、吸盘、DEM6型三杯风向风速表。

【方法步骤】

一、大气温湿度

(1)将大气干湿球温度表(图2-14)垂直挂于支架或固定杆上，使温度表球部离地面0.5 m以上，并保证周围障碍物距温度表球部都在0.5 m以上。

(2)用玻璃滴管取蒸馏水或雨水湿润湿球温度表球部纱布。

(3)旋转发条使风扇转动，不要上得过紧。

(4)通风4 min(夏季)或15 min(冬季)后，在下风向读取湿球温度和干球温度。

(5)记录空气温度的数值，并查表得到空气相对湿度，必要时测定气压修正温度再查相对湿度值。

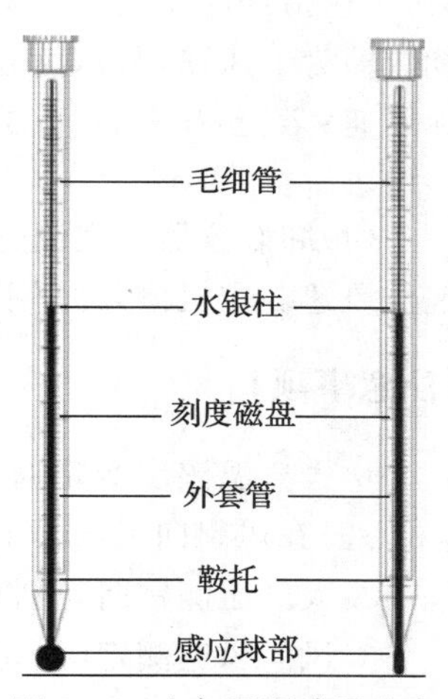

图2-14 大气干湿球温度表

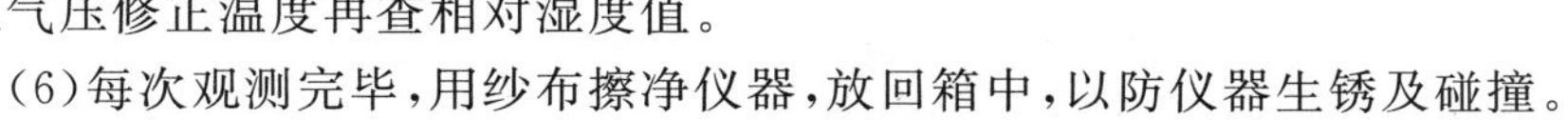

(6)每次观测完毕，用纱布擦净仪器，放回箱中，以防仪器生锈及碰撞。

二、大气压

(1)用刻度尺测出吸盘的直径 d。

(2)将吸盘四周沾上水，挤出里面的空气压在光滑的水平地面上。

(3)用力竖直往上拉吸盘，直到吸盘脱离地面，此时用弹簧测力计测出拉脱吸盘拉力的大小 F。见图2-15。

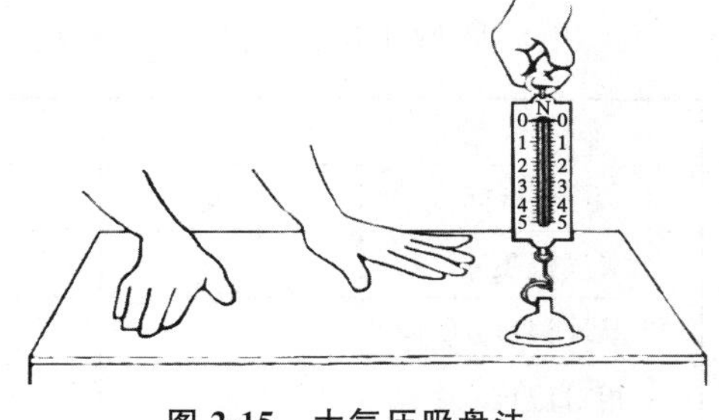

图2-15 大气压吸盘法

(4)根据以下公式计算出大气压强 P。

$$P = \frac{4F}{\pi d^2}$$

三、风向风速

(1)仪器安置　取出仪器(图 2-16),将仪器安置在四周开阔的测点上,或手持垂直于测点上,使旋杯位于测定高度,手持时一般距地面 1.5 m。

(2)风向测定　将风向仪下方小套管拉下再向右旋转一角度,此时方向盘可自由转动,并按地磁子午线的方向确定下来,风向指针与方向盘所对的读数即为风向。

(3)风速测定　用手指压下风速表右上角的启动杆,风速指针即回到零位,放开启动杆后,表中红色时间小指针开始走动,随后风速指针也开始走动,1 min 后,风速指针停止转动,结束风速测定;风速指针显示读数即为上风速,从风速检定曲线图中查得相应的实际风速;若还需进行重复测定,只要重复以上步骤即可。

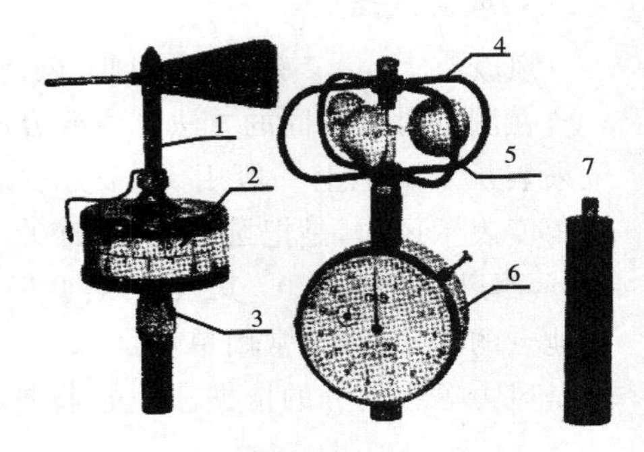

图 2-16　风向风速表

风向仪:1. 方向盘　2. 小套管制动部件　3. 十字护架

风速表:4. 感应组件旋杯　5. 风表主体机　6. 风速指针表　7. 手柄

(4)卸装仪器　观测完毕后,务必将风向仪恢复原来位置,方向盘固定不动,旋下风向仪,握住风速表主机体,旋下手柄,并按照相应位置将仪器放在盒内保存。

【注意事项】

1. 大气温湿度测定时,要仔细检查湿球温度表球部纱布的清洁和湿润程度,风速大于 4 m/s时在风扇向风面套上防风罩,并随时观察湿球纱布的外界情况。

2. 大气压测定时,要将吸盘中的气体挤干净,测力和测量直径时保证数据的准确性。

3. 风向风速测定时,切勿用手摸旋杯,注意不要扭动风表主机体与十字护架,钟表工作时不要随便按压启动杆。

【结果分析】

1. 不同区域走向的气候因子测定。

调查区域					
测定指标	东向	西向	南向	北向	备注
空气温度/℃					
湿球温度/℃					
相对湿度/%					
风向					
风速/(m/s)					

2. 不同下垫面的气候因子测定。

调查区域					
测定指标	裸地	草地	林地	建筑	备注
空气温度/℃					
湿球温度/℃					
相对湿度/%					
风向					
风速/(m/s)					

【思考练习】

分析比较不同区域及地段气候因子的差异、形成原因及其影响因素。

实验三　土壤生态因子的测定

【实验目的】

1. 了解不同区域的土壤生态因子的差异及其对植物生长发育的影响。

2. 掌握土壤生态因子观测及其观测方法。

【实验原理】

土壤是生物赖以生存、生长、发育、繁殖等不可替代的自然资源。土壤作为一个重要的生态环境因子，是陆地动植物生长的支撑载体和养分物质来源，也是土壤动物和土壤微生物生存生长的重要容器，土壤生态因子的环境观测主要通过野外调查完成，包括土壤剖面、土壤温度、土壤容重、土壤水分、土壤总孔隙度、土壤团聚体组成、土壤质地等。

1. 土壤剖面

土壤剖面主要用于表示土壤的外部特征，它是指从地面向下垂直方向上的土壤纵断面，垂直深度一般在 2 m 以内。土壤剖面中与地表大致平行的层次称为土壤发生层，是由于成土作用所形成的。不同类型的土壤具有不同形态的土壤剖面，在土壤的形成过程中，由于物质的迁移和转化，土壤形成不同的发生层，不同层次的组成、性质及形态均各不相同。

2. 土壤温度

土壤温度是地面以下土壤中的温度，由于土壤存在不同的剖面层，故不同深度的土壤温度会有不同的变化。其中，地面温度是指直接与土壤表面接触的温度；地中温度分为浅层地温和深层地温，浅层为距地面 5 cm、10 cm、15 cm、20 cm 的区域，深层为距地面 40 cm、80 cm、160 cm、320 cm 的区域。

3. 土壤容重

土壤容重又称土壤密度或干容重，是指在田间自然状态，一定单位体积土壤的干重，常用的单位是 g/cm^3，可以用来计算土壤总孔隙度，估计土壤结构状况。

4. 土壤水分

土壤水分的重要来源是降水和灌溉水，同时也包括地下水上升和大气中水汽的凝结。土壤水参与了地球几大圈层的物质循环，也是生态系统物质循环的重要基础。土壤水主要存在于土壤孔隙中，其多少主要用两种方法表示，即土壤含水量和土壤水势，在此主要选择第一种表示方法，进行土壤含水量的测定。

5. 土壤总孔隙度

土壤总孔隙度是指在自然状态下，土壤中孔隙的体积占土壤总体积的百分比，它是土壤基质中通气孔隙与持水孔隙的总和，直接影响着土壤的通气状况和结构特征。

6.土壤团聚体组成

土壤团聚体是指土壤所含的大小、形状不一，有不同孔隙度、机械稳定性和水稳性的团聚体总和，即是土壤经凝聚、胶结和黏结作用形成不同直径的土壤颗粒，按照其对抗水分散力的大小，可分为水稳性团聚体和非水稳性团聚体。水稳性团聚体大多是由钙、镁、腐殖质胶结起来的颗粒，在水中振荡、浸泡、冲洗均不宜崩解；非水稳性团聚体则由黏粒胶结或电解质凝聚而成，放入水中会迅速崩解。

7.土壤质地

土壤质地可通过测定土壤的颗粒组成得到，是指土壤中不同大小直径的矿物颗粒的组合状况，不同直径的颗粒有着不同的特性，石砾无持水和毛管作用，砂砾干燥时呈单粒松散状态，粉粒湿时具有黏性和可塑性。土壤颗粒组成在土壤形成和农业生产中意义重大。

【实验材料】

锄头、铁铲、土刀、钢卷尺、直尺、地表温度表、曲管温度表、直管温度表、土壤筛(5 mm、3 mm、2 mm、1 mm、0.5 mm、0.25 mm)、土钻、铝盒、便携式天平、电子天平(1/100、1/10 000)、烘箱、干燥器、环刀、1 000 mL 带塞沉降筒、铁桶(33 cm 宽、45 cm 高)、比重计、研砵、NaOH、烧杯、搅动杆。

【方法步骤】

一、土壤剖面

(1)选择有代表性的地点进行土壤剖面(图 2-17)挖掘，规格为 2 m 长，1 m 宽，1～1.5 m 深，朝阳的一面挖成垂直坑壁，其相对坑壁挖成每阶 30～50 cm 的阶梯状，以便上下操作。

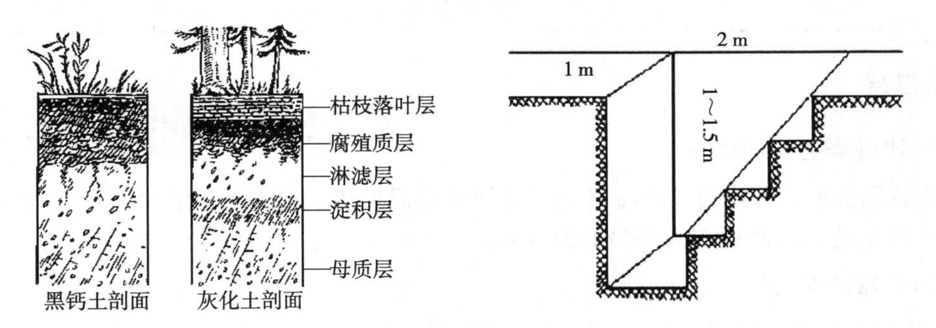

图 2-17　土壤剖面示意图

(2)挖好剖面后，站在剖面坑上大致观察，分别依据土壤岩石、质地、结构、根系的分布情况将剖面分成几个层次，分别记录各层起止深度。

(3)分别观察记录各层次的颜色、干湿度、土壤结构、土壤质地、松紧度、空隙、新生体和浸入体、根系等(表 2-6)。

表 2-6　土壤剖面观察记录

序号	名称		描述
1	土壤颜色	亮度	绝对黑为 0，绝对白为 10，由 0～10 逐渐变亮。
		彩度	颜色的浓淡程度。
		干色	风干时的颜色与风干土滴上水滴表面水膜消失后的颜色。
2	干湿度	干	土壤放于手中丝毫无凉感，吹之尘土飞扬。
		润	放于手中微凉，吹之无尘土飞扬。
		潮	放于手中挤压，无水流出，但有湿印，能握成团而不散。
		湿	放于手中微加挤压，水分即从土中流出。
3	土壤结构		团粒状、核状、块状、棱柱状、柱状、碎块状、屑粒状、片状等。
4	土壤质地	沙土	松散的单粒状颗粒，干时抓入手中，稍一松手后即散落。
		沙壤土	干时手握成团，但极易散落，润时握成团后，小心拿起不宜散开。
		壤土	松软并有砂粒感、平滑、稍黏着，干时握成团，小心拿起不散，润时握成团，一般性触动不散。
		粉壤土	干时成块，但易弄碎，粉碎后松软而有粉质感。
		黏壤土	破碎后成块状，土块干时坚硬。
		黏土	干时常为坚硬土块，润时极可塑，有黏性。
5	土壤松紧度	极松	土钻、铁锹等放于土面，不加压力即能自行入土。
		松	稍加压力，土钻、铁锹即能入土。
		紧	土壤结构较紧，必须用力，土钻、铁锹才能进入土中。
		极紧	需用大力铁锹才能入土，但速度慢时不易取出。
6	空隙		＜1 细小空隙；1～3 小空隙；3～5 海绵状；5～10 蜂窝状；＞10 网眼状。

二、土壤温度

(一)地温表的观测顺序

地面普通温度表—地面最低温度表—地面最高温度表—曲管地温表(5 cm、10 cm、15 cm、20 cm)—调整地面最高温度表和最低温度表。

(二)仪器的安装

(1)地面温度表、地面最高温度表、地面最低温度表均须水平放置在被测地段中央偏东的地面，并自北向南平行排列，使感应部分向东，并位于南北向直线上，表间均间隔 5 cm，将感应部分一半埋入土中，一半露出地面。

(2)曲管温度表安置在地面最低温度表西边约 20 cm 处，分别按照 5 cm、10 cm、15 cm、20 cm深度的顺序从东向西排列，感应部分向北，表间相隔 10 cm，表身与地面成 45°夹角，各表身应沿着东西排列，露出地表的表身须用叉木架支撑。

(3)直管温度表安装自东向西，由浅入深，表间间隔 50 cm，在地段的中部排列成一行，直管地温表套管必须垂直埋入土中，并把管壁四周与土层之间的空隙用细土填充。

三、土壤容重

(1)实验前称取各环刀质量并同时编号记录。

(2)将称量好的环刀带至选定好的代表性样点进行取样；去除环刀两端盖子，将环刀平稳压入已铲平的土面中，待土柱超过环刀上端，用铁铲挖去周围土壤，取出充满土的环刀，并用土刀削去环刀两端土壤，擦去环刀外的泥土进行称重并记录。

(3)结果计算：

$$\text{环刀内干土重(g)}=\text{环刀内湿土重}\times(1-\text{土壤含水量})$$

$$\text{土壤容重}\left(\frac{\text{g}}{\text{cm}^3}\right)=\frac{\text{环刀内干土重}}{\text{环刀容积}}$$

四、土壤水分

(1)称取铝盒重量为 W_1g。

(2)连同采集土称取铝盒重量为 W_2g。

(3)将装有土的铝盒放入烘箱，于 105～110℃下烘烤 6 h 至恒重，并取出放入干燥器冷却 20 min 后称重，为 W_3g。

(4)结果计算：

$$\text{土壤水分含量}=\frac{W_2-W_3}{W_3-W_1}\times 100\%$$

五、土壤总孔隙度

根据测定的土壤容重和土壤相对密度的平均值 2.65，计算土壤总孔隙度：

$$\text{土壤总孔隙度}=\left(1-\frac{\text{容重}}{\text{相对密度}}\right)\times 100\%$$

六、土壤团聚体组成

(一)干筛

将取回的原状土沿自然结构面剥离成直径 10～12 mm 大大小小的样块，风干后通过孔径为 10 mm、7 mm、5 mm、3 mm、2 mm、0.5 mm、0.25 mm 的筛组进行干筛，筛完后将各级筛子上的样品分别称重(精确至 0.01 g)，计算各级干筛团聚体的百分含量，并记录结果。

(二)湿筛

(1)根据干筛法求得的各级团聚体的百分含量，把干筛分取的风干样品按比例配成 50 g。

(2)为防止堵塞筛孔，不倒入<0.25 mm 的团聚体，但在取样数量计算和其他计算中均须计算该数值。

(3)将上述配好的 50 g 样品倒入 1 000 mL 沉降筒，并沿壁注水湿润至饱和，浸泡 10 min 后注满沉降筒并封口。

(4)数分钟后颠倒沉降筒，直至样品完全下沉，然后又重复倒转 10 次。

(5)将孔径分别为 5 mm、3 mm、2 mm、1 mm、0.5 mm、0.25 mm 的一套筛子，用铁薄板夹

住放入盛有水的铁桶中，使水面高出筛组 10 cm。

(6)将沉降筒倒转，拔去塞子，筒口浸入水中筛上，使团粒落于筛上，然后塞上塞子，取出量筒。

(7)慢慢提起水中筛组，勿使样品露出水面，然后迅速下降，勿使筛组顶部浸没水中，上下重复 10 次，取出上面 3 个筛子，再将下面 3 个筛子如前上下重复 5 次，洗净其水稳性团聚体表面的附着物。

(8)将筛组分开，将留在各级筛子上的样品用水洗入铝盒，倾去上部清液，烘干称重，即为各级水稳性团聚体重量。

(9)结果计算：

$$\text{各级团聚体含量}=\frac{\text{各级团聚体的烘干重(g)}}{\text{烘干样品重(g)}}\times 100\%$$

$$\text{总团聚体含量}=\sum \text{各级团聚体含量}$$

$$\text{各级团聚体占总团聚体的百分比}=\frac{\text{各级团聚体含量}}{\text{总团聚体含量}}\times 100\%$$

七、土壤质地

(1)用天平称取 1 mm 土样 50 g 于研钵，先加 0.5 mol/L NaOH 约 20 mL，研磨呈糊状，使土样充分分散。

(2)用烧杯装自来水将研钵中分散的土样少量多次地洗入 1 000 mL 的量筒，并定容至 1 000 mL，同时做空白进行综合校正。

(3)测定空白量筒中的液温或室内温度，根据温度查阅温度、时间、粒径表，查看<0.01 mm 的对应值，即为比重计读取数据的时间。

(4)按照确定的时间，用搅动杆上下搅动悬液 1 min，然后立即记录开始静置时间，将比重计轻轻插入悬液，测定开始沉降后 30 s、1 min、2 min 时的比重计读数并记录，之后取出比重计，用蒸馏水洗净备用，同时测量并记录悬液温度。

(5)按预定时间继续测定 4 min、8 min、15 min、30 min 以及 1 h、2 h、4 h、8 h、24 h、48 h 等各规定沉降时间时的比重计读数。

(6)将每次读数进行校正，以供计算某粒径土粒含量百分比。

(7)根据测定数据，计算所求粒级的土粒含量百分比。

$$\text{校正后读数}=\text{实际读数}+\text{温度校正值}-(\text{刻度校正值}+\text{空白校正值})$$

$$\text{物理性黏粒含量}=(\text{校正后读数}/\text{烘干土重})\times 100\%$$

$$\text{物理性沙粒含量}=100\%-\text{物理性黏粒含量}$$

【注意事项】

1. 土壤剖面的选择切忌在道旁、沟边、肥堆及被翻动的地方挖掘和采集样品。挖剖面时，注意观察保持土壤的田间自然状况，并将表土和心土分别堆放，结束后进行顺序填平。

2. 测定土壤温度时，在放置温度表时，要使感应部分与土壤紧贴，不可有空隙，并保持露出地面的部分和表身保持清洁。

3. 土壤团聚体结构测定时，抬起筛组时勿使样品露出水面，然后迅速下降，勿使筛组顶部浸没水中。试验中必须进行2～3次平行试验，且平行绝对误差不超4%。

【结果分析】

1. 土壤剖面观察。

名称	土壤剖面特征观察
层次	
颜色	
干湿度	
土壤结构	
土壤质地	
干湿度	
松紧度	
空隙	
新生体和浸入体	
根系	

2. 土壤温度、容重、水分及总孔隙度测定。

名称	测定值
土壤温度	
土壤容重	
土壤水分	
土壤总孔隙度	

3. 土壤质地分析。

样品号	土壤粒级(mm)百分数/%							
	＞1	0.25～1	0.05～0.25	0.01～0.05	0.005～0.01	0.002～0.005	0.001～0.002	＜0.001

4. 土壤团聚体分析。

标本总号	分析号	土壤名称	层次和深度/cm	各级团聚体(mm)含量百分数/%														
				＞10	10～7	7～5	5～3		3～2		2～1		1～0.5		0.5～0.25		＜0.25	
				干筛	干筛	干筛	干筛	湿筛	干筛	湿筛	干筛	湿筛	干筛	湿筛	干筛	湿筛	干筛	湿筛

【思考练习】

分析比较不同区域及地段土壤因子的差异、形成原因及影响因素。

实验四　水体生态因子的测定

【实验目的】

1. 熟悉常见的水体生态因子及其测定。
2. 掌握水环境中主要生态因子的测定及变化。

【实验原理】

水是生物圈重要的组成部分，包括海洋、河流、湖泊等，水体的生态因子包括颜色、透明度、温度、酸碱度、含盐量、流量、含沙量等。不同的水体中，影响因子各不相同，变化规律也存在不同差异，随着时间的变化，水体生态因子也会随之发生昼夜、季节和年际变化。

1. 水体温度

水体温度主要来源于太阳辐射，它直接影响着水体的理化性质和水生生物生长，由于水比热容大的性质决定了其导热性差，因此水体温度在不同的层次存在明显的垂直变化差异。

2. 水体透明度

水体透明度即为水体的澄清程度，清洁干净的水通常是透明的，当水中存在悬浮物或胶体时，水体的澄清程度降低、透明度降低。

3. 水色

由于水体中存在溶解物质、悬浮颗粒及浮游生物等，它们的种类和数量都会引起水色的变化，并且随着时间推移、物种交替，水中的物质、种类、数量都会发生不同的改变，水色也会随之发生变化。

4. 水体浊度

浊度是指溶液对光线透过时所发生的阻碍程度，是悬浮物质等对光的散射及溶质分子对光的吸收。当水中含有悬浮物质、胶体物质、泥土粉沙、有机物、无机物时，水体就会出现不同程度的浊度。我国对1个浊度单位的表示是采用1 L蒸馏水中含有1 mg二氧化硅为准。

5. 水体pH

水体pH是检验水体酸碱度的重要指标，表示水的酸碱性的强弱，由于水文过程的影响，因此在测定水体pH时必须在特定的温度条件下进行，或进行温度校正。

6. 水体含沙量

水体含沙量指单位体积的浑水水体中所含泥沙的质量，通过其含沙量大小反映该水体上游的水土流失状况，单位通常为kg/m^3，g/m^3。

【实验材料】

水银温度计、透明度盘(塞氏盘)、比色计、白色瓷板、烧杯、量筒、具塞比色管、无色玻璃瓶、0.1 mm 土壤筛(150 目)、烘箱、pH 标准缓冲液、pH 计。

【方法步骤】

一、水体温度测定

(1)用水银温度计直接测量读数。

(2)具体测量时可将温度计(图 2-18)固定在一定长度的竹竿或杆子上进行测量,每隔15 min记录一次读数,并重复 3 次。

(3)需要同时测量多层读数时,在竹竿或杆子上量取相应的距离进行固定或放多接头自动温度测定仪探头即可测量,读数方法同上。

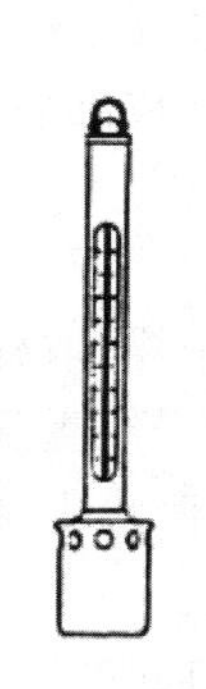

水温计

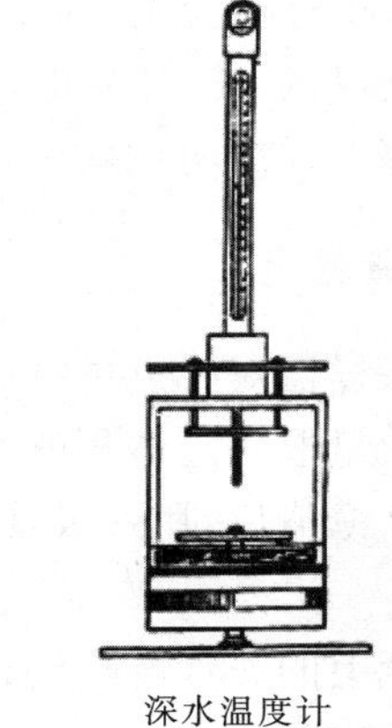

深水温度计

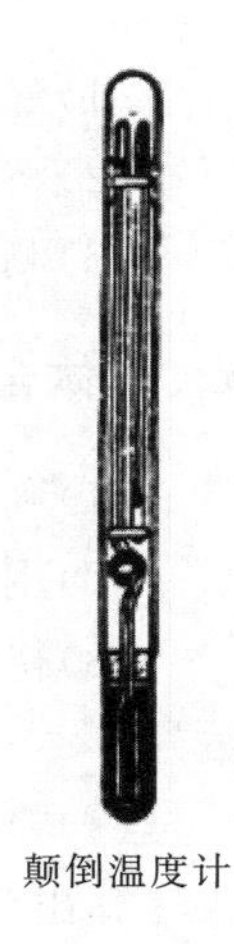

颠倒温度计

图 2-18　水银温度计

二、水体透明度测定

(1)在避光处,将透明度盘(塞氏盘)直接放入静水中,使盘与水面平行。

(2)当肉眼不能分辨盘上的颜色时,此时从水面到白色圆盘的水深即为透明度。

(3)直接读取透明度盘上丝线的标记刻度,单位为 cm。

三、水色测定

1.水色计法

水色计的标准比色主要根据水色计的标准颜色对比进行目估确定。

(1)以水色计的 21 种不同颜色级为标准。

(2)将透明度盘提到透明度一半的水层里,用比色计对比透明度盘上的颜色,对比比色计上最接近的色级号码即为其水样色度。

2.稀释倍数法

此法主要用于工业废水及受污染的地面水。

(1)取 100 mL 澄清水样于烧杯,以白色瓷板为背景,观测其颜色并进行描述。

(2)分取澄清水样,用水稀释一定倍数,取 50 mL 放于 50 mL 的比色管,管底部也以白色瓷板为背景,由上而下观察稀释后水样的颜色,用蒸馏水作比较,直至刚好看不出颜色,同时记录此时的稀释倍数。

(3)记录的稀释倍数即用来表示水样的色度。

四、水体浊度测定

(1)将烘干过 0.1 mm 筛孔的硅藻土用蒸馏水配制浊度标准储备液。

(2)根据水样的浊度,同上述浊度标准液配制系列浊度标准溶液。

(3)取等体积的水样与浊度标准溶液进行比较,根据目视,确定最相近的浊度。

(4)若用稀释水样进行浊度对比,则读取的浊度还需再乘以水样的稀释倍数。

五、水体 pH 测定

(1)配制 pH 分别为 4.008、6.865、9.180 的缓冲液,对 pH 计进行标定校准。

(2)将校准好的 pH 计的电极放入水中,测定并读取水体的酸碱度。

(3)测定多个样品时重新标定校准后测定。

六、水体含沙量测定

(1)利用采样器对样点进行采样,取样时,记录观测水位及取样水深。

(2)用量筒量取一定体积的水样,重复取多份,将每份水样导入澄清筒进行沉淀。

(3)待样品澄清后,用虹吸管吸出上部分澄清水,剩余部分用事先烘干的滤纸过滤、称重、编号。

(4)将滤纸上的泥沙转移到称过重的铝盒,用烘箱烘至恒重,最后计算出干沙重量,按公式计算出含沙量即可。

$$\rho = W_s / V \times 1\,000$$

式中:ρ 为实测含沙量(kg/m^3);W_s为水样干沙重(g);V 为水样体积(cm^3);1 000 为换算系数。

【注意事项】

1. 测定水样的真色取样,为澄清的上清液或离心法去除悬浮物后测定。

2. 测定水样的表色时,需待水样中大颗粒悬浮物沉降后进行上清液取样测定。

【结果分析】

1. 水体温度测定。

水体样点	样点深度	水体温度
1 号样点	表面	
	5cm	
	10cm	
	20cm	
	30cm	
	40cm	
2 号样点		
3 号样点		
⋮		

2. 水体透明度、水色及浊度测定。

水样	透明度	水色	浊度
1号			
2号			
3号			
⋮			

3. 水体的 pH、含沙量测定。

水样	pH	含沙量
1号		
2号		
3号		
⋮		

【思考练习】

分析比较各因子在水体中的变化规律、原因及影响因素。

实验五　光照生态因子的影响

【实验目的】

1. 熟悉常见的光照生态因子及其测定。
2. 掌握光照生态因子对生物的影响及生物适应。

【实验原理】

1. 光照强度

光照强度简称照度，主要用来表示单位面积上接受可见光的光通量，用于指示光照的强弱程度及物体表面积被照明的程度。它对生物的影响非常大，对生物的形态建成、物质合成、生理反应、行为活动等具有重要作用。

2. 植物叶片的适光变态及耐阴性

植物由于生长于不同生境而导致各处光照条件差异，在其形态、结构、生理上就会随着光因子的变化而出现不同的特征，此种适应即为植物叶片的适光变态。

植物的耐阴性即植物对庇荫条件的忍耐能力，不同的植物由于种类、不同生长发育阶段的差异，其耐阴性也各不相同且表现出明显差异。

3. 光照对植物光合作用的影响

光照是植物生长发育的重要因子之一，植物光合作用作为植物生理反应的指标也同样受到光照条件的影响，光照不同时，叶片的光合作用产物产量不同而影响叶片重量，因此，可以通过同等性质不同光照条件的烘干称重进行研究。

4. 光照周期对生物的影响

光周期是指昼夜周期中光照期和暗期的交替变化，而光周期现象则是生物对昼夜光照长短的反应。主要表现在对植物的开花结果、落叶、休眠，动物的繁殖、迁徙、换毛换羽、行为活动等影响方面。不同类型的动物行为活动在光周期的作用下表现出不同的规律，有的是白天活动，有的是晨昏活动，有的则是晚上活动。

【实验材料】

照度计，显微镜，螺旋测微器，阴阳叶活体材料（海桐、樟树或其他）及其纵、横、表皮固定切片，花秆，卷尺，围尺，测高器，计算器，植物叶片，分析天平，烘箱，称样皿，滤纸，刀片，金属模板，蜡烛，鼠类自动记录仪及附属装置，小白鼠，谷物，饮水，笼子。

【方法步骤】

一、光照强度测定

(1)选定待测位置,插入光电池插头,将照度计光感应面水平放于待测位置。

(2)打开电源开关,依次打开相应量程开关。

(3)读取读数器中显示的数字与量程值,计算二者乘积,即为光照强度值,同时进行重复观测,至少3次以上。

(4)观测完毕后,盖上遮光罩并关闭电源开关。

$$光照强度(lx)=读数\times量程$$

二、植物叶的适光变态观察与植物耐阴性鉴别

1.植物叶片的适光变态观察

(1)观测比较阳生叶与阴生叶活体材料的叶片形态差异(每类5～6个叶片)。

(2)选择阳生叶与阴生叶材料的横切片、纵切片进行显微观察,仔细对比其叶片栅栏组织层数及紧密程度,并记录。

(3)选择阳生叶与阴生叶材料的表皮切片进行显微观察,对比其气孔、叶脉分布特征的差异,并进行记录。

2.植物耐阴性鉴别

(1)校园内选择20种成年而叶片完全展开的植物,可以是乔木或灌木,根据指标分级标准进行观测记录。

(2)综合对比所有观测指标,将所选择的20种植物的耐阴性按照从弱到强的顺序排列。

(3)根据耐阴性的排序结果,结合植物年龄及其生境(气候、土壤等),确定其耐阴性类型,并填入表中。

三、光照对植物光合作用的影响

(1)选择需要实验的植物叶片样品5～8个,同时进行编号。

(2)用点燃的蜡烛将植物叶片背部的韧皮部烧成黄色或浅黄色(烫伤须彻底)。

(3)剪取叶片样品并开始记录时间,进行光合作用测定。具体为分两个时段,上午8∶00—9∶00,按编号剪下各对称叶片主脉两边的其中一半,放置于有湿润滤纸的密闭盒中放于暗处;11∶00—12∶00时依次按编号取植物叶片的另一半并放于盒内;同时记录打孔器面积。

(4)将两次取样的叶片装入称样皿放于80～90℃的烘箱烘干至恒重,并进行记录。

(5)根据以上结果计算不同光照条件下的植物光合作用强度,单位mg/(cm^2·h)。

$$光合作用强度[mg/(cm^2\cdot h)]=\frac{干重增加量(mg)}{叶面积(cm^2)\times光照时间(h)}$$

四、光照周期对生物的影响

(1)安装连接鼠类活动自动记录仪。

(2)将装有实验动物的笼子悬挂一定高度,待动物活动时,笼顶上装置的接点感受器通过记录笔进行记录。具体按照每小时内运动的时间进行统计,分析昼夜活动。

(3)根据晶体管接近开关的原理,在鼠巢上设计并装上感应装置,以产生的信号每晚每小时入巢停留时间为依据,分析其昼夜活动及休息规律。

(4)在实验动物的食槽前及供水出口处设成电容的一个极为A端,鼠及鼠笼设成另一个极为B端,电容大小及电路振荡形成电信号,通过电磁铁及记录笔进行记录,统计每小时的摄食及饮水次数。

【注意事项】

1.测定光照强度时,当光照很强时,必须将滤光器放在光电池上。

2.观测光照对植物光合作用影响时,植物叶片背部的韧皮部烫伤要彻底,否则有机物仍可外运,会造成测定结果偏低,这是实验成功的关键。

【结果分析】

1.光照强度测定。

测定位置	读数	量程	光照强度
1			
2			
3			
⋮			

2.植物叶的适光变态观察。

叶片特征		样品1		样品2	
		阳生叶	阴生叶	阳生叶	阴生叶
形态	叶色				
	叶长/cm				
	叶宽/cm				
	叶厚/cm				
栅栏组织	层数				
	紧密度				
气孔	相对密度				
	相对大小				
其他特征					

3.植物耐阴性鉴别记录。

序号	种类	生活型	相对高	冠形	枝叶分布	透光度	叶型	枝下高	生长速度	开花结实	寿命	生境条件	排序	耐阴性类型
1														
2														
3														
⋮														

4.光照对植物光合作用的影响。

样品	上午 8:00—9:00		上午 11:00—12:00		干重差	光合作用强度
	叶面积	干重	叶面积	干重		
1						
2						
3						
⋮						

5.光照周期对生物的影响。

序号	时间	活动	入巢	摄食	饮水
1					
2					
3					
⋮					

【思考练习】

分析光照因子的变化规律,对生物的影响及生物适应。

实验六　温度对生物的影响

【实验目的】

1. 熟悉温度因子的观测与影响。
2. 掌握环境温度对生物的影响及测定。

【实验原理】

温度是表示物体的冷热程度的重要指标，它只能通过物体随温度变化的某一项特性来进行间接测量。

1. 温度对植物种子萌发的影响

温度对植物萌发的影响主要表现在“三基点”，即最高温、最适温、最低温，不同植物种子的萌发受到多种因素的影响，但在其最适温度条件下，萌发率和萌发速度均较高，最终可以通过种子质量进行衡量，包括发芽率、发芽势、发芽指数和活力指数等。

2. 温度对动物体温的影响

内温动物和外温动物受环境温度变化的影响不同，内温动物的体温在一定温度范围内是恒定的，而外温动物的体温则会随着环境的变化而改变。同时动物的种类、年龄、个体大小等也会影响环境温度。

3. 温度对动物代谢的影响

能量代谢是指生物体内的分解吸收，将化学能释放转化为能量物质，从而维持自身的各种生命活动。因此，呼吸的氧气与产生的能量密切相关，通过测定生物呼吸耗氧量的多少，可以进行生物能量代谢的间接评价。

溶解氧的测定可以用溶氧仪进行测定，一般适用于水及污水处理、养殖业等水体溶解氧的快速测定，而含少量还原性物质及硝酸氮，或较清洁水样的溶氧量测定通常使用碘量法。标准碘量法主要通过对氧的固定来进行其含量换算。

【实验材料】

黄豆种子、小麦种子、光照培养箱、天平、培养皿、烧杯、移液管、滤纸、镊子、直尺、数字温度计、天平、纱布、铁丝笼、手套、小白鼠、鱼、500 mL 广口瓶、水浴箱、量筒、碘量瓶、2 000 mL 烧杯、托盘、橡皮管、铁架台、天平、锥形瓶、滴定管、水族箱及配件、浓硫酸、硫酸锰溶液、碱性碘盐、硫代硫酸钠、淀粉指示剂。

【方法步骤】

一、环境温度对植物种子发芽的影响

(1)选择大小相当的供试种子并同时测定其千粒重。

(2)依次用10%次氯酸钠及30%的双氧水分别消毒10 min、5 min,冲洗干净后放于滤纸上吸干备用。

(3)进行温度梯度设置,分别为5℃、10℃、15℃、20℃、25℃、30℃、35℃,每个温度设置3个重复,将备用种子放于铺有滤纸的培养皿上,每个培养皿放置30～50粒种子,然后加入一定量的蒸馏水至淹没种子直径的1/2。

(4)将培养皿放入设置好温度的培养箱,24 h检查培养皿水分状况,并进行位置调整,同时进行种子萌发情况记录。

发芽率=(实验期内全部正常发芽的种子粒数/供试种子粒数)× 100%

发芽势=(实验初期全部正常发芽的种子粒数/供试种子粒数)×100%

发芽指数= $\sum$(实验期间每日发芽的种子粒数/相应发芽日数)

活力指数=幼苗长势(萌发后幼苗或幼苗根的干重或鲜重或高度)×发芽指数

二、环境温度对动物体温的影响

(1)选择一定数量的小白鼠,并进行性别判定、体重测定、体温测量,同时进行记录。

(2)设置不同的温度梯度,即10℃、15℃、20℃、25℃、30℃、35℃。

(3)把实验动物放于各温度梯度下30 min,观察其在不同温度下的行为反应,观察时间结束,取出实验动物进行体温测量,并进行记录。

三、温度对动物代谢的影响

(1)选择一定数量的鱼作为实验动物,称重并记录鱼的体重W及体积V_f。

(2)设置3个温度梯度,分别为10℃、室温下的实际水温、30℃。

(3)将充分暴露过的自来水分别倒入3个2 000 mL烧杯,并用冰块、数控恒温箱将其中两个烧杯的水分别调至10℃、30℃。

(4)取6个广口瓶,记录其体积V_w,按照呼吸瓶和对照瓶,每两个为一组,分为3组,代表以上不同的3个温度梯度;将调节好温度的水分别倒入广口瓶装满,水满至自然溢出,将已称好重的3条金鱼分别放入3组中的3个呼吸瓶中,轻轻盖上瓶塞,并记录瓶塞位置;每组操作完成立即放入调节好10℃、室温、30℃的恒温箱中,记录时间30 min后取出。

(5)利用碘量法进行溶氧量测定。

①按照温度梯度的设置每组准备3个碘量瓶,共12个碘量瓶。

②用虹吸法快速吸取水样到50 mL的碘量瓶中,并进行水样固定(用移液管插入液面下先后加入1 mL硫酸锰、2 mL碱性碘化钾)。

③盖紧瓶塞,颠倒混合,产生沉淀后静置,再用移液管沿瓶口加入1 mL浓硫酸后立即盖紧瓶塞摇动至溶液澄清并静置5 min。

④将各碘量瓶中的水用 50 mL 容量瓶进行取样，并倒入 250 mL 锥形瓶，用标定过的硫代硫酸钠进行滴定至瓶中溶液为浅黄色时加入 10 滴淀粉溶液，溶液变蓝后继续滴定至蓝色消失时为终点，记录滴定所消耗的硫代硫酸钠体积 V。

⑤计算溶氧量：

$$C_{Na_2S_2O_3} = \frac{0.01 \times 25 \times 10^{-3}}{V}$$

$$溶解氧\ DO(mg/L) = \frac{V \times C_{Na_2S_2O_3} \times 32 \times 1\,000}{4 \times 50}$$

$$V_b = V_w - V_f$$

$$动物呼吸耗氧量 = (DO_0 - DO) \times V_b$$

$$R = \frac{(DO_0 - DO) \times V_b}{t \times W}$$

式中：W 为动物体重(kg)；V_f 为鱼的体积；V_w 为广口瓶的体积；V_b 为呼吸瓶中水的体积；DO 为呼吸瓶中的溶解氧含量(mg/L)；DO_0 为对照瓶中的溶解氧含量(mg/L)；t 为实验时间(h)。

【注意事项】

1. 进行动物实验时，一定要戴手套，并注意抓取方法。若不慎被咬，必须立即到医务室或医院进行就诊处理。

2. 测定动物能量代谢时，应尽量保证所选动物的体重大小大致相当，同时保证呼吸瓶和对照瓶的密闭性。

【结果分析】

1. 环境温度对植物种子发芽的影响。

温度	5℃	10℃	15℃	20℃	25℃	30℃	35℃
发芽率/%							
发芽势/%							
发芽指数							
活力指数							

2. 环境温度对动物体温的影响。

名称	性别	年龄	不同温度条件下的体温/℃						备注
			10℃	15℃	20℃	25℃	30℃	35℃	

3. 温度对动物代谢的影响。

样品	温度/℃	鱼体重 W	鱼体积 V_f	广口瓶体积 V_w	呼吸瓶体积 V_b	DO	DO_0	时间 t	溶氧量

【思考练习】

分析环境温度的变化规律，对生物的影响及生物适应。

实验七　水分对植物的影响

【实验目的】

1. 掌握不同环境条件下生长的植物器官的结构特点。

2. 理解植物生长及其对环境的适应。

【实验原理】

水分是决定植物生长发育的重要因子，根据生境条件划分有陆生植物和水生植物的区别。陆生植物根据环境水分含量的高低分为湿生植物、中生植物、旱生植物；水生植物根据其生活型分为沉水植物、浮水植物、挺水植物。由于环境因子的影响，不同的植物会通过其形态、结构、生理等方面来进行适应。在植物适应环境的结构变化方面，以叶的结构变化最为显著。

【实验材料】

夹竹桃、荆条、芨芨草、芦荟、眼子菜、睡莲、苇叶横切永久制片，眼子菜、狐尾藻、黑三棱茎横切永久制片，显微镜，载片，盖玻片，双面刀片，培养皿，毛笔，滤纸，滴管，菜豆种子，培养皿，铝盒，烘箱，玻璃棒，铲子，镊子，直尺，游标卡尺，塑料带孔花盆，叶面积仪，叶绿素含量测定仪。

【方法步骤】

一、水因子对植物结构的影响

1. 陆生植物

(1)用显微镜观察旱生植物夹竹桃、荆条、芨芨草、芦荟叶横切永久制片。

(2)记录并描述不同旱生植物叶片的结构特点。

2. 水生植物

(1)用显微镜观察水生植物眼子菜、睡莲、苇叶横切永久制片。

(2)用显微镜观察水生植物眼子菜、狐尾藻、黑三棱茎横切永久制片。

(3)记录并描述不同水生植物叶片、茎的结构特点。

二、水分对植物生长的影响

(1)选取大小相当的菜豆种子进行种子萌发实验。

(2)在同一地点采取一定量的土壤，混匀后随即进行土壤含水量测定，也可直接用 TDR

进行土壤水分含量测定。

(3)设定土壤含水量梯度,分别为10%、30%、50%、70%、90%,每个梯度设置3个重复。

(4)准备相同数量的塑料带孔花盆,底部垫大小相同的硫酸纸,装入土壤后进行幼苗移栽,每盆10组,缓慢按照土壤的最大持水量的80%加水。

(5)每天观察并适当补充水分,待幼苗出现两片真叶时,开始进行不同水分梯度处理,可以采用TDR或称重法进行水分测定和补充,水分处理3周后进行实验。

(6)水分处理结束后,分别测定每个梯度条件下每盆至少5株幼苗的株高、基径、根长、真叶片数、叶面积、叶绿素含量,并进行记录。

【注意事项】

1. 实验用的土壤须采自同一个地点,并进行充分混合,以保证基质条件大致相当。

2. 测定水分对植物生长的影响时,移栽幼苗要先打孔,再用镊子小心移入,注意不要伤害胚根,并使土壤与根系充分接触。

3. 测定水分对植物生长的影响时,开始进行土壤水分梯度实验后,2～4 d需进行花盆位置交换调整,以免发生边缘效应。

【结果分析】

1. 水因子对植物结构的影响。

名称		观测结果	备注
陆生植物	叶横切永久制片		
水生植物	叶横切永久制片		
	茎横切永久制片		

2. 水分对植物生长的影响。

名称	1	2	3	4	5	6	7	8	9	10
株高/cm										
基径/cm										
根长/cm										
真叶数										
叶面积/cm^2										
叶绿素含量										

【思考练习】

分析水分对生物的影响及生物适应,采集校园内不同植物制作徒手切片并观察记录。

实验八　盐分对植物的影响

【实验目的】

1. 理解土壤盐分对植物生理特征的影响及植物的抗逆性。

2. 掌握植物过氧化氢酶活性、丙二醛含量、脯氨酸含量的常用测定方法。

【实验原理】

盐土是指含有大量可溶性盐类的土壤，土壤盐分过多，会降低土壤水势，导致植物发生生理干旱，同时影响植物的代谢过程。

1. 过氧化氢酶

过氧化氢酶既是氧化剂又是还原剂，过氧化氢酶存在于红细胞及某些组织内的过氧化体中，它的主要作用就是催化 H_2O_2 分解为 H_2O 与 O_2，使 H_2O_2 不与 O_2 在铁螯合物作用下反应生成非常有害的—OH。当植物处于逆境或衰老时，由于 H_2O_2 的积累，会直接或间接氧化细胞内的核酸、蛋白质等，从而使细胞膜受损，而植物组织中的过氧化氢酶则可以清除 H_2O_2，是植物体内重要的酶促防御系统之一。

2. 丙二醛

生物体内，自由基作用于脂质发生过氧化反应，氧化终产物为丙二醛，会引起蛋白质、核酸等生命大分子的交联聚合，且具有细胞毒性。当植物器官衰老或处于逆境时，会发生膜脂过氧化作用，丙二醛为其产物之一，它表示细胞膜脂过氧化程度、植物抗逆性强弱，同时还可间接测定膜系统受损程度。

3. 脯氨酸

植物在干旱和盐碱环境中，体内常积累游离的脯氨酸，它与环境的干旱、盐度和植物的抗逆性相关。由于脯氨酸亲水性极强，并能稳定原生质胶体及组织内的代谢过程，故能防止细胞脱水，在低温条件下，还可提高植物的抗寒性，它既可以作为植物抗旱、抗盐的生理指标，又可作为抗寒育种的生理指标。

【实验材料】

小麦、黄豆种子，一次性塑料花盆（10 cm），滤纸，光照培养箱，电子天平，恒温干燥箱，烧杯，容量瓶，移液管，游标卡尺，刻度尺，玻璃棒，镊子，铲子。

【方法步骤】

（1）选取大小相当的小麦、黄豆种子进行种子萌发实验。

（2）在同一地点采取一定量的土壤，混匀后作为培养土备用。

(3)设定盐分梯度，配制浓度分别为0%、0.2%、0.4%、0.6%、0.8%的NaCl溶液，每个梯度设置3个重复。

(4)将成熟种子进行处理，分别放入装好土壤的花盆中，每盆10粒种子，并在种子上均匀覆盖1 cm厚的相同土壤。

(5)放入25℃、500 lx的光照培养箱培养15 d，每隔24 h，用NaCl溶液处理1次。

(6)培养结束后，每盆选取3株样品进行过氧化氢酶活性、丙二醛、游离脯氨酸的测定(具体测定方法请参考《植物生理学实验指导》)。

【注意事项】

1. 实验用的土壤须采自同一个地点，并进行充分混合，以保证基质条件大致相当。
2. 加溶液时最好用滴管滴入或者小型喷雾装置喷入，防止冲掉覆盖的土壤。

【结果分析】

盐分对植物的影响记录表。

样品	0%	0.2%	0.4%	0.6%	0.8%
过氧化氢酶活性/(mg/gFW · min)					
丙二醛含量/(μmol/g)					
游离脯氨酸含量/(μmol/g)					

【思考练习】

分析讨论不同植物对盐胁迫的适应。

实验九　生物对环境因子的耐受性实验

【实验目的】

1. 掌握生物对生态因子的耐受范围测定方法。
2. 熟悉不同生物对温度、盐度、酸度的耐受范围及耐受性限度。

【实验原理】

生态因子对生物存在不同的影响，当某个生态因子在数量上过多或过少时，接近或达到某种生物的耐受性上限或下限时，会阻碍生物的生存和生活，不同的生物能忍耐不同生态因子的范围是不同的，会随着其种类、年龄、大小、驯化背景等的变化而改变，当多种因子同时作用时，生物对各因子的耐受性也会有不同的变化或补偿作用。

【实验材料】

鱼、田螺、水族箱及其配件、光照培养箱、水浴箱、数字温度计、海水精、容量瓶、冰块、天平、纱布、手套、烧杯、玻璃棒、pH 计、HCl、NaOH。

【方法步骤】

一、动物对温度耐受性的观测

(1)建立环境温度梯度，分别为 10℃、20℃、30℃、40℃。

(2)选择一定数量的实验动物，测定并记录其种类、体重和驯化背景。

(3)将不同种类的实验动物按照 6 个一组，每组至少 2 个重复进行设置，分别放置于设定的不同环境温度条件下 30 min，观察其行为，并记录死亡数目及死亡数达 50%的时间。

二、动物对盐度耐受性的观测

(1)建立环境盐度梯度，分别为 10‰、20‰、30‰、40‰。

(2)选择一定数量的实验动物，测定并记录其种类、体重和驯化背景。

(3)将不同种类的实验动物按照 6 个一组，每组至少 2 个重复进行设置，分别放置于设定的不同环境盐度条件下 30 min，观察其行为，并记录死亡数目及死亡数达 50%的时间。

三、动物对 pH 耐受性的观测

(1)建立 pH 梯度，分别为 3、5、7、9、11。

(2)选择一定数量的实验动物，测定并记录其种类、体重和驯化背景。

(3)将不同种类的实验动物按照 6 个一组，每组至少 2 个重复进行设置，分别放置于设定的不同 pH 条件下 30 min，观察其行为，并记录死亡数目及死亡数达 50%的时间。

【注意事项】

1. 选择动物时尽量保证各组动物体重、大小一致。
2. 在进行盐度和 pH 耐受性实验时，各组处理的水温应保持一致。

【结果分析】

1. 动物对温度耐受性的观测。

实验动物	体重	驯化背景	10℃		20℃		30℃		40℃		行为反应
			30 min 死亡数	死亡数达 50%的时间	30 min 死亡数	死亡数达 50%的时间	30 min 死亡数	死亡数达 50%的时间	30 min 死亡数	死亡数达 50%的时间	

2. 动物对盐度耐受性的观测。

实验动物	体重	驯化背景	10‰		20‰		30‰		40‰		行为反应
			30 min 死亡数	死亡数达 50%的时间	30 min 死亡数	死亡数达 50%的时间	30 min 死亡数	死亡数达 50%的时间	30 min 死亡数	死亡数达 50%的时间	

3. 动物对 pH 耐受性的观测。

实验动物	体重	驯化背景	3		5		7		9		11		行为反应
			30 min 死亡数	死亡数达 50%的时间	30 min 死亡数	死亡数达 50%的时间	30 min 死亡数	死亡数达 50%的时间	30 min 死亡数	死亡数达 50%的时间	30 min 死亡数	死亡数达 50%的时间	

【思考练习】

分析不同类型生物对环境因子的耐受性规律及原因。

实验十　生物对环境因子的最适选择

【实验目的】

1. 理解并掌握陆生动物对环境因子的选择及其测定方法。
2. 了解动物选择最适环境的生物学意义。

【实验原理】

环境因子对生物的生命活动、生长发育有重要影响，不同类型的生物对环境因子的适应也不同，同种生物由于其年龄、大小、驯化背景等也有所不同。动物对环境温度的选择是其对环境适应的最好表现，有着重要的生物学意义。

【实验材料】

小白鼠、手套、温度等级器、冰水槽、可调温热水槽、天平、冰块、食盐，玻璃酒精温度计、半导体点温计。

【方法步骤】

(1)将温水倒入热水槽，达到所需温度，并将其导电表调节至所需温度，使水槽内保持恒温，将温梯板一端浸入恒温水槽中。

(2)在冰水槽中加入少量冰块和食盐，使温梯板另一端浸入冰水中，并盖上槽盖。

(3)10 min 后分别重复测定温梯板的温度，待温度稳定后，把已称重的小白鼠放入温度等级器中。

(4)每隔 2 min 记录小白鼠的反应，持续 1 h，其停留的中点温度即为所选择的最适温度值。

【注意事项】

1. 抓取动物实验时，一定要戴手套，并注意抓取方法。若不慎被咬，必须立即到医务室或医院进行就诊处理。
2. 注意保持温梯板温度的恒定。

【结果分析】

动物对环境温度的选择。

序号	时间	动物停留位置	动物停留处中点温度	动物反应
1	2 min			
	⋮			
	60 min			
2	2 min			
	⋮			
	60 min			
⋮				

【思考练习】

分析对比不同动物或同种动物的选择温度值并进行解释。

第三章 种群生态学

实验一 种群数量大小的观测

【实验目的】

1. 熟悉估算动植物种群数量大小的一般方法。
2. 掌握用适当方法观测不同的种群。
3. 了解种群数量估计的复杂性。

【实验原理】

种群数量的测量方法与种群的大小，生物个体的大小、形状、运动性等有关。一些植物和容易计数的动物可以使用总数量调查法；还可以通过随机取样，计数种群中一部分个体，运用统计学方法估测整个种群数量，最常用的是样方法和标记重捕法。

1. 样方法

在种群分布区域范围内，随机取若干个大小一定的样方，记录样方中全部个体数量，然后用其平均值来推算整个种群数量。

2. 标记重捕法（Petersen 方法或 Lincoln 方法）

适用于不断移动位置的动物。选定种群，随机捕获部分个体进行标记后释放，经一段时间后重捕。假定重捕取样中标记比例与样地总数中标记比例相等，估计种群数量。

【实验材料】

白瓷盘、细线、水网、浮萍、相机、细线、记号笔、水族箱及其配件。

【方法步骤】

一、样方法

（1）购买或在池塘中捞取浮萍。

（2）每个实验小组取适量浮萍装入白瓷盘中，加适量水，搅拌或晃动瓷盘，让盘内浮萍平铺在水面。

(3)用细线在瓷盘上做样方。根据瓷盘大小,将瓷盘平均分成40个以上样方。随机选取其中5～10个样方,分别记录其中浮萍数量,估算整盘浮萍数量。

(4)用相机对着水面拍照,并将照片在Photoshop中打开,选择菜单栏中的"视图"下"显示""网格",并调整网格间隔等。把网格线分成的小块作为样方,随机选取5～10个样方,记录其中植物数量,估算整体数量。

(5)认真记录实际盘中植物数量,将上述两种方法估算出的植物数量与实际数量比较。

二、标记重捕法

(1)购买金鱼200条或更多,养在水族箱中备用。

(2)捞取金鱼40条,用细线或记号标记,放回水族箱。

(3)间隔一段时间(10～30 min),待金鱼完全混匀,捞取50条金鱼,记录有标记的金鱼数量,估算种群总数量。

(4)重复试验2～3次,比较结果。

$$N:M=n:m$$
$$N=M\times n/m$$

式中:N为种群整体数量,M为标记个体数,n为重捕个体数,m为重捕样中标记数。

【注意事项】

1. 可以多选择几种植物,不同小组计数不同植物。
2. 有条件的也可以在野外进行测量。
3. 标记重捕法的动物还可以是草履虫、面包虫等。

【结果分析】

1. 瓷盘中浮萍数量测定。

目测计量		相机拍照	
样方编号	浮萍数量	样方编号	浮萍数量
1		1	
2		2	
3		3	
⋮		⋮	
平均值		平均值	
估算整个瓷盘		估算整个瓷盘	

2. 标记重捕法估测金鱼种群数量。

	第一次试验	第二次试验	第三次试验
标记个体数 M			
重捕个体数 n			
重捕样中标记数 m			
种群整体数量 N			

3. 盘中植物分布情况是否对估计结果有影响?
4. 瓷盘大小对估算有哪些影响?
5. 瓷盘中样方的多少和取样数量对结果有哪些影响?
6. 水族箱的大小是否影响估算结果?

【思考练习】

1. 样方法适合哪些生物种群的测量?有哪些缺点和优点?
2. 标记重捕法适合哪些种群的测量?有哪些缺点和优点?

实验二　植物种群密度的野外观测

【实验目的】

1. 掌握植物种群野外调查和采样的基本方法。
2. 掌握利用样方法估计种群密度。

【实验原理】

密度是数量统计中最常用的指标。在生态学文献中提到的种群数量高低、种群大小这样的名词时，如果没有指明空间单位，通常说的都是密度。密度又可分为绝对密度、相对密度。

绝对密度是指单位面积或空间的实有个体数。

相对密度则只能获得表示数量高低的相对指标。

在测定大面积范围内种群密度时，不可能对所有生物逐一计数，必须进行抽样估测的方法。植物和固着型动物、底栖动物等种群的密度通常采用样方法或样线法。样方法是用一定面积的方框，在样地内随机取样，取样范围尽量覆盖整个样地，然后记录样方内个体数量，求平均值，最后估算出样地中种群的平均密度。

【实验材料】

1 m^2样方框、笔、记录纸、卷尺、长绳等。

【方法步骤】

(1)找一块草地，确定草地范围。

(2)将学生分成几个大组，每个大组确定一种植物，大组内两人一小组。每大组内各小组分工合作，完成整个样地的调查。

(3)把样地按大组内小组数量划分样带，每小组一个样带。从样带一边开始，向另一边前进，每走一定步数，随机投掷一次样方框，记录样方内所调查植物的数量。

(4)样方框面积为1 m^2，求出样方框内平均植物密度。

【注意事项】

1. 各大组指定调查的植物可相同、可不同。
2. 尽量选取个体清晰的植物作为调查植物。

【结果分析】

1. 各大组植物密度测量。

小组编号：		小组编号：		小组编号：	
样方编号	植物数量	样方编号	植物数量	样方编号	植物数量
1		1		1	
2		2		2	
3		3		3	
⋮		⋮		⋮	
平均值		平均值		平均值	
大组平均值					

2. 比较各小组结果与大组平均值差异。
3. 分析不同取样次数对调查结果的影响。
4. 比较不同植物种群密度差异。

【思考练习】

1. 样方大小会影响实验结果吗？
2. 此方法有哪些优点和缺点？

实验三　种群空间分布格局的调查

【实验目的】

1. 掌握种群空间分布格局的测量、统计和计算。
2. 了解影响种群分布变化的生态因子。

【实验原理】

组成种群的个体在其生活空间中的分布格局被称为种群的内分布型，简称分布。由于诸多环境因子和种内关系的影响，种群的内分布型一般可分为 3 类：均匀分布、随机分布和集群分布（图 3-1）。

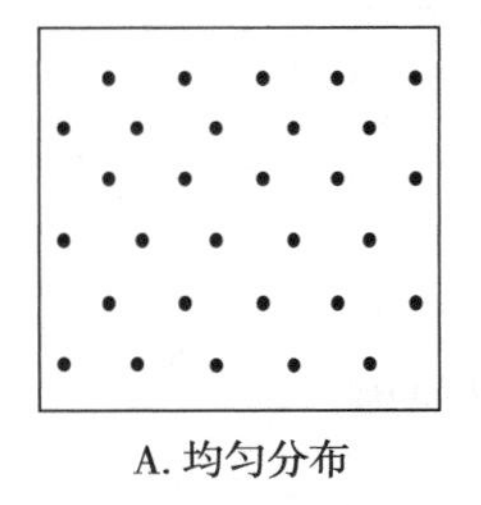

A. 均匀分布

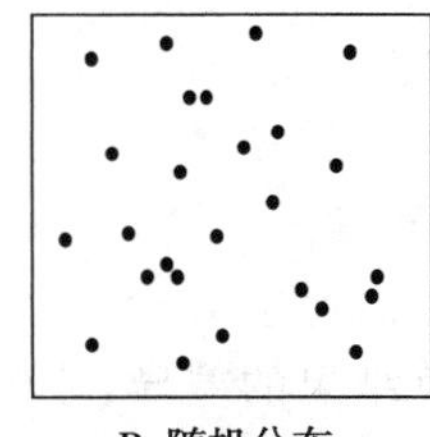

B. 随机分布

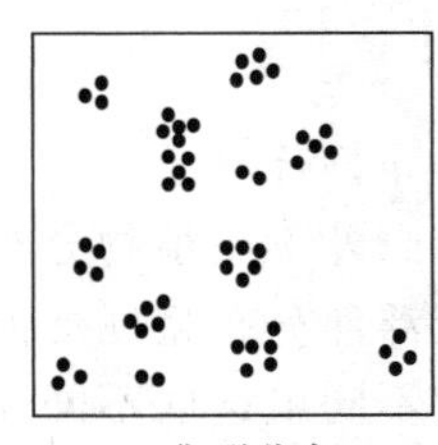

C. 集群分布

图 3-1　3 种内分布型（仿孙儒泳，1993）

【实验材料】

浮萍、大白盘、细线、记录纸、笔等。

【方法步骤】

一、野外植物调查

（1）找一块草地，确定草地范围。

（2）将学生分成几个大组，每个大组确定一种植物，大组内两人一小组。每大组内各小组分工合作，完成整个样地的调查。

（3）把样地按大组内小组数量划分样带，每小组一个样带。从样带一边开始，向另一边前进，每走一定步数，随机投掷一次样方框，记录样方内所调查植物的数量。

（4）通过数据计算，得出某种植物的内分布型。

二、浮萍种群内分布型调查

预先准备一定数量的浮萍，放入盛水的大白盘中，搅动水面，使浮萍单层分布。按实验一的方法用细线将白盘均匀划分成许多小方块（50 个以上），每个方块为一个样方。调查 1～20 个小样方中浮萍的数量。计算浮萍种群的内分布型。在一处搅动水面,观察记录其分布变化。

三、计算方法

常用的检验内分布型的指标:$\frac{S^2}{\overline{m}}=0$,属均匀分布;$\frac{S^2}{\overline{m}}=1$,属随机分布;$\frac{S^2}{\overline{m}}\gg 1$,属集群分布。

$$\overline{m}=\sum f(x)/n$$

$$S^2=\left[\sum (f(x))^2-\left(\sum f(x)\right)^2/n\right]/(n-1)$$

式中:x 为样方中某物种的个体数,f 为含 x 个体的样方出现的频率,n 为样本总数。

【注意事项】

1. 本实验可与本章的实验二同时开展,也可利用其实验数据进行计算分析。
2. 浮萍可用其他浮生植物代替。

【结果分析】

1. 内分布型计算。
2. 比较野外不同植物分布型的差异。
3. 比较浮萍分布型搅动前后的变化。
4. 比较不同组选取不同样方所计算结果的差异,分析可能的原因。

【思考练习】

1. 搅动水面的目的是什么?
2. 影响种群内分布型的因素有哪些?

实验四　种群生命表的编制与存活曲线绘制

【实验目的】

1. 熟悉生命表及其类型。
2. 掌握静态生命表的编制及其生命表分析。

【实验原理】

一、生命表

生命表是描述种群死亡过程的有力工具。是按种群生长时间或年龄(发育阶段)的次序编制的,系统记述种群死亡率、生存率和生殖率,最清楚、最直接地展示种群死亡和存活过程的一览表。生命表可提供种群基本信息,计算种群统计值,绘制存活曲线,同时能进行关键因子分析。生命表可分为动态生命表、静态生命表和综合生命表。

(1)动态生命表　又叫同生群生命表,是同一时间段出生的个体从出生到死亡的数据统计,即同时出生/孵化的一个群体(同生群),跟踪观察并记录其死亡过程直到最后,适用于世代不重叠的生物。

(2)静态生命表　是根据在某一特定时间对种群进行年龄结构的调查所得数据编制的,一般在难以获得动态生命表的情况下使用。适用于世代重叠或寿命非常长的生物,表中数据是根据在某一特定时刻对种群年龄分布频率的取样分析而获得的,实际反映了种群在某一特定时刻的剖面。

(3)综合生命表　与上述生命表相比,增加了描述种群各年龄出生率的指标,指的是同种群平均每存活个体在该年龄期内所产生的后代数。

二、存活曲线

存活曲线是特定年龄存活个体占初始种群数量的百分比,存活曲线是表达年龄分布的重要途径。存活曲线主要有3种类型:

(1)Ⅰ型　曲线凸形,表示幼体的存活率高,老年个体死亡率高,在接近生命寿命前只有少数个体死亡。

(2)Ⅱ型　曲线呈对角线形,表示在整个生活期中,有一个较稳定的死亡率。

(3)Ⅲ型　曲线凹形,表示幼体死亡率很高。

【实验材料】

野生动/植物、记录用笔和纸。

【方法步骤】

一、生命表的计算

本实验主要对静态生命表进行计算(表 3-1)。静态生命表中一般包括以下指标:龄级(x)、个体数(n_x)、存活率(l_x)、死亡数(d_x)、死亡率(q_x)、平均存活数(L_x)、存活个体总年数(T_x)、生命期望(e_x)。

(1)龄级(x)　为年龄或月龄或生命时期的分段。

(2)个体数(n_x)　龄级为 x 时存活的个体数。

(3)存活率(l_x)　龄级为 x 时存活的个体与出生时个体数量的比率,即 $l_x = n_x / n_0$。

(4)死亡数(d_x)　从 x 到 $x+1$ 龄级个体死亡的数量,即 $d_x = n_x - n_{x+1}$。

(5)死亡率(q_x)　从 x 到 $x+1$ 龄级个体死亡数量与 x 龄级个体存活数量的比率,即 $q_x = d_x / n_x$。

(6)平均存活数(L_x)　从 x 到 $x+1$ 龄级平均存活数量,即 $L_x = (n_x + n_{x+1})/2$。

(7)存活个体总年数(T_x)　$T_x = \sum L_x$,如 $T_0 = L_0 + L_1 + L_2 + L_3 + \cdots$。

(8)生命期望(e_x)　x 龄级的生命期望也称平均余年,即 $e_x = T_x / n_x$。e_0 为种群的平均寿命。

表 3-1　藤壶的生命表(仿 Krebs,1985)

龄级(x)	个体数(n_x)	存活率(l_x)	死亡数(d_x)	死亡率(q_x)	平均存活数(L_x)	存活个体总年数(T_x)	生命期望(e_x)
0	142	1.000	80.0	0.563	102	224	1.58
1	62	0.437	28.0	0.452	48	122	1.97
2	34	0.239	14.0	0.412	27	74	2.18
3	20	0.141	4.5	0.225	17.75	47	2.35
4	15.5	0.109	4.5	0.290	13.25	29.25	1.89
5	11	0.077	4.5	0.409	8.75	16	1.45
6	6.5	0.046	4.5	0.692	4.25	7.25	1.12
7	2.0	0.014	0	0.000	2	3	1.50
8	2.0	0.014	2.0	1.000	1	1	0.50
9	0	0	—	—	0	0	—

二、存活曲线的绘制

用存活数表示存活曲线时,以 $\lg n_x$ 栏对 x 栏作图,即可得到存活曲线(图 3-2)。

【注意事项】

1. 在调查记录植物时,个体数量尽量多。

2. 本实验可在本章实验一种群数量实验基础上进行。

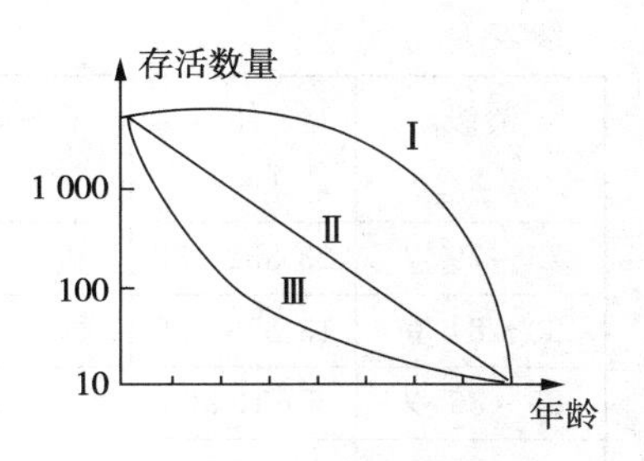

图 3-2 存活曲线的 3 种类型
(仿 Krebs, 1985)

【结果分析】

1. 在学校附近的草地上寻找一种常见野生植物(如蒲公英、车前、狗尾草等),记录该种群各龄级段(可按叶片数、开花前、开花期、开花后等划分)的植物数量在下表中,并计算出其他栏目数据。

龄级(x)	个体数(n_x)	存活率(l_x)	死亡数(d_x)	死亡率(q_x)	平均存活数(L_x)	存活个体总年数(T_x)	生命期望(e_x)
0							
1							
2							
3							
⋮							

2. 根据我国第六次人口普查数据,计算人口生命表。

龄级(x)	个体数(n_x)	存活率(l_x)	死亡数(d_x)	死亡率(q_x)	平均存活数(L_x)	存活个体总年数(T_x)	生命期望(e_x)
0～4 岁	75 532 610						
5～9 岁	70 881 549						
10～14 岁	74 908 462						
15～19 岁	99 889 114						
20～24 岁	127 412 518						
25～29 岁	101 013 852						
30～34 岁	97 138 203						
35～39 岁	118 025 959						
40～44 岁	124 753 964						
45～49 岁	105 594 553						
50～54 岁	78 753 171						
55～59 岁	81 312 474						
60～64 岁	58 667 282						
65～69 岁	41 113 282						
70～74 岁	32 972 397						

续表

龄级 (x)	个体数 (n_x)	存活率 (l_x)	死亡数 (d_x)	死亡率 (q_x)	平均存活数 (L_x)	存活个体总年数(T_x)	生命期望 (e_x)
75～79 岁	23 852 133						
80～84 岁	13 373 198						
85～89 岁	5 631 928						
90～94 岁	1 578 307						
95～99 岁	369 979						
≥100 岁	35 934						

注：数据来源于国家统计局。

3. 计算并比较两个实验不同种群的生命表特点。

4. 以龄级 x 为横坐标，lg l_x 为纵坐标作图，看看得到怎样的存活曲线。

【思考练习】

1. 生命表是如何反映个体的预期寿命的？

2. 总结分析不同物种的生命表和预期寿命。

实验五　种群的年龄结构和性比调查

【实验目的】

1. 了解种群年龄结构和性比的调查和分析方法。
2. 掌握制作年龄锥体的方法。

【实验原理】

1. 种群的年龄结构

种群的年龄结构是不同龄级的个体数量占种群整体数量的比例。

2. 性比

性比是指种群中雌雄个体的比例，即同一年龄组雌雄数量之比。了解种群的年龄结构和性比对了解种群历史、深入分析种群动态和对种群进行预测预报具有重要意义。性比类型主要有以下 3 种：

(1)第一性比　受精卵雄和雌个体数目的比例。
(2)第二性比　自幼体出生至个体成熟时的性比。
(3)第三性比　充分成熟的个体的性比。

3. 年龄锥体

年龄锥体是建立在二维坐标下，不同宽度的横条从下到上罗列而成的图，纵轴从下到上表示从幼龄到老龄不同龄级，横条的宽度表示各龄级个体数量或个体数占总数的百分比。年龄结构受出生率和死亡率等的影响(图 3-3)。大多数动物种群的性比接近 1∶1，不同生物在不同环境下性比会有很大差别。

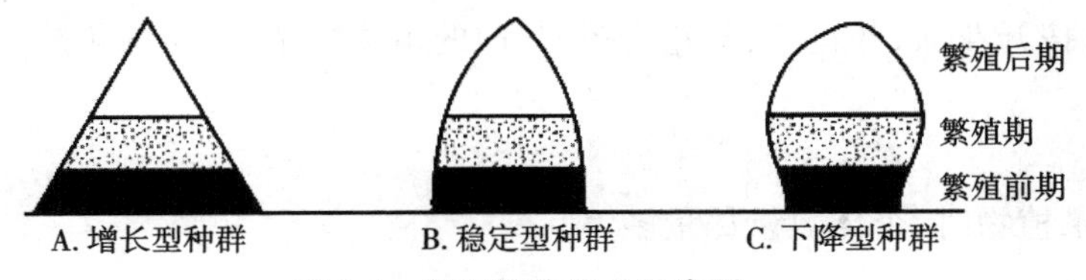

图 3-3　年龄锥体的 3 种类型

【实验材料】

野生植物、记录用笔和纸。

【方法步骤】

(1)根据表 3-2 给出的我国第六次人口普查数据，计算性比，绘制年龄锥体图。

表 3-2 我国第六次人口普查数据

龄级(x)	男性人口数量	女性人口数量
0～4 岁	41 062 566	34 470 044
5～9 岁	38 464 665	32 416 884
10～14 岁	40 267 277	34 641 185
15～19 岁	51 904 830	47 984 284
20～24 岁	64 008 573	63 403 945
25～29 岁	50 837 038	50 176 814
30～34 岁	49 521 822	47 616 381
35～39 岁	60 391 104	57 634 855
40～44 岁	63 608 678	61 145 286
45～49 岁	53 776 418	51 818 135
50～54 岁	40 363 234	38 389 937
55～59 岁	41 082 938	40 229 536
60～64 岁	29 834 426	28 832 856
65～69 岁	20 748 471	20 364 811
70～74 岁	16 403 453	16 568 944
75～79 岁	11 278 859	12 573 274
80～84 岁	5 917 502	7 455 696
85～89 岁	2 199 810	3 432 118
90～94 岁	530 872	1 047 435
95～99 岁	117 716	252 263
≥100 岁	8 852	27 082

注：数据来源于国家统计局。

(2)在学校附近的草地上寻找一种常见野生植物(如蒲公英、车前、狗尾草等)，记录该种群各龄级段(可按开花前、开花期、开花后等划分)的植物数量，并绘制年龄锥体图。

【注意事项】

在调查记录植物时，个体数量尽量多。

【结果分析】

1. 比较分析两种生物年龄锥体的特点。
2. 针对我国人口年龄锥体和性比，分析将来发展趋势。

【思考练习】

1. 种群的性比和年龄结构如何影响种群动态？
2. 针对我国人口性比情况，思考这能反应什么问题？

实验六 种群在有限环境中的逻辑斯蒂增长

【实验目的】

1. 了解种群在有限资源环境中的增长方式。
2. 理解环境对种群增长的限制作用。
3. 掌握通过实验估算 r、K 两个参数和 logistic 曲线拟合方法。

【实验原理】

环境资源是有限的，因此在有限的资源中生存的生物数量必然要受到环境的限制。逻辑斯蒂增长(logistic growth)是种群在资源有限环境下连续增长的一种最简单的形式。

【实验材料】

草履虫、光照培养箱、实体显微镜、250 mL 三角瓶、50 mL 量筒、浮游生物计数框(或血球计数板)、0.1 mL 移液管、0.5 mL 移液管、滴管、干稻草、纱布、橡皮筋、鲁哥氏固定液。

【方法步骤】

一、草履虫的采集

在有机质丰富的水流缓慢的水渠、池塘、湖泊中采集草履虫。

二、草履虫培养液的制备

将干稻草剪成 3～4 cm 小段，浸泡于水中或将其煮沸冷却，用稻草浸出液作为培养液。

三、确定草履虫原液的初始种群密度

用移液管吸取 0.1 mL 草履虫原液，滴入浮游生物计数框内，在显微镜下观察到游动的草履虫时，将一滴鲁哥氏固定液滴入计数框内固定草履虫，在显微镜下统计草履虫数量。此方法重复 4 次取平均值得到原液中草履虫密度。

四、草履虫的培养

取 100 mL 草履虫培养液，置于 250 mL 三角瓶中。经过计算，用移液管取适量草履虫原液到三角瓶中，使培养液中草履虫的密度在 5～10 只/mL。此时，三角瓶培养液中草履虫的密度就是种群的初始密度。用清洁纱布和橡皮筋将三角瓶封好，置于 20℃左右的光照培养箱中培养。

五、观察计数

每天定时取三角瓶中培养液观察草履虫数量(方法同步骤三)并记录。

六、计算分析

(1)逻辑斯蒂增长的数学模型:$dN/dt=rN(1-N/K)$

其积分式为:$N=K/(1+e^{a-rt})$

式中:dN/dt 为种群在单位时间内的增长率;r 为种群瞬时增长率;N 为种群大小;K 为环境容纳量;t 为时间;e 为自然对数的底;a 为常数。

(2)环境容纳量 K 的确定。将观察得到的种群大小的数据,标定在以时间为横坐标、草履虫数量为纵坐标的二维坐标系中,从得到的散点图中可以观察到草履虫种群变化的规律,最高数值估计为 K 值。也可用三点法求得 K 值,公式为:

$$K=\frac{2N_1N_2N_3-N_2^2(N_1+N_3)}{N_1N_2-N_2^2}$$

式中:N_1、N_2、N_3为时间间隔基本相当的 3 个种群数量。

(3)瞬时增长率 r 的确定。将 logistic 方程变形为:

$$\frac{K-N}{N}=e^{a-rt}$$

两边取对数得:

$$\ln\left(\frac{K-N}{N}\right)=a-rt$$

设 $y=\ln\left(\frac{K-N}{N}\right)$,$b=-r$,$x=t$,那么上式可以写为 $y=a+bx$,为直线方程。根据一元线性回归方程的统计方法,a 和 b 可以用下面的公式求得:

$$a=\bar{y}-b\bar{x}$$

$$b=\frac{\sum_{i=1}^{n}(x_i-\bar{x})(y_i-\bar{y})}{\sum_{i=1}^{n}(x_i-\bar{x})^2}$$

式中:$\bar{x}$ 为自变量 x 的平均值;x_i 为第 i 个自变量 x 的样本值;$\bar{y}$ 为因变量 y 的平均值;y_i 为第 i 个因变量 y 的样本值;n 为样本数。

(4)将求得的 a、r 和 K 值代入 logistic 方程,得到理论值。在同一坐标系上绘出 Logistic 方程的理论曲线,看看理论曲线与真实值的拟合情况。

【注意事项】

每次取样时,将瓶中液体混匀,减小取样误差。

【结果分析】

观察记录草履虫数量并进行计算分析。

培养天数/d	草履虫实测值/(只/mL)	草履虫估算值/(只/mL)	$1-N/K$	$\ln(1-N/K)$	Logistic方程理论值
1					
2					
3					
⋮					

【思考练习】

1. 在不同温度下，逻辑斯蒂增长曲线中的 K 值是否相同？
2. 实验中各种实验条件的不同，会给草履虫的种群增长造成什么样影响？

实验七　运用表型相关方法分析植物的资源分配策略

【实验目的】

1. 掌握植物资源分配的研究方法。
2. 理解不同植物种类在不同环境中有着不同的资源分配模式。

【实验原理】

(1)植物可以从环境中获取资源并分配到各构件中。经典的资源分配模型是假定植物从外界获取的资源是一定的,那么它分配给一些构件的资源增多,则另一些构件获得的资源便减少。植物采取的资源分配模式可以使植物在环境中的适合度达到最大。

(2)表型相关法是研究植物资源分配的一种方法。测定种群内不同个体繁殖分配和生长分配等比例,分析植物对资源的分配策略。

【实验材料】

烘箱、电子天平、剪刀。

【方法步骤】

(1)在两种生境分别采集同一种常见植物,齐地面剪下或连根挖出。
(2)测量植物的株高、根长等,用剪刀将各部分分离。
(3)将分开的各部分用纸包好放入烘箱,75℃烘至恒重。
(4)样品冷却后用 0.000 1 g 或 0.001 g 天平称量各部分干重。
(5)统计数据,分析两种植物在两种生境中的资源分配模式。

总生物量＝地上生物量＋根生物量
地上生物量＝茎生物量＋叶生物量
茎生物量分配＝茎生物量/总生物量×100%
叶生物量分配＝叶生物量/总生物量×100%
根生物量分配＝根生物量/总生物量×100%

【注意事项】

1. 尽量选择差异较大的两种生境。
2. 烘箱使用过程中不离人,植物需烘至恒重。

【结果分析】

1. 各部分干重与植株总重的比进行比较,分析不同生境植物资源分配的差异。

生境	植株编号	株高	根长	茎生物量	叶生物量	根生物量
1	1					
	2					
	3					
	⋮					
2	1					
	2					
	3					
	⋮					

2.讨论同一生境不同植物资源分配模式是否相同?

【思考练习】

思考讨论同一种植物大小不同,资源分配模式是否相同?

实验八　种内竞争与自疏现象

【实验目的】

1. 理解动植物种内竞争现象。

2. 掌握－3/2 自疏法则。

【实验原理】

(1)环境中资源是有限的，生活在一定空间中的种群通常因为争夺资源、异性和生存空间等存在着竞争。当种群数量达到环境容纳量时，这种竞争便尤为激烈。种内竞争影响生物的出生率和死亡率，在动物种群中还可表现为迁徙和扩散等，在植物种群中主要表现为自疏现象。

(2)当资源有限时，种内竞争往往使部分个体死亡、身体瘦小、生殖力下降。种内竞争的强度随种群密度的增加而增加。自疏现象会降低植物种群密度，减少高密度对植物的不利影响，是种群密度自我调节的一种现象。

【实验材料】

纱布、橡皮筋、显微镜、光照培养箱、浮游生物计数器、烘箱、花盆、植物种子(生菜、莜麦菜、番茄等)。

【方法步骤】

一、观察草履虫种内竞争

(1)在水渠、湖泊等地采集草履虫，在实验室中培养，显微镜观察计算草履虫原液种群密度，并制取培养液(方法同实验六)。

(2)取 250 mL 三角瓶 3 个，分别加入 1 mL、10 mL 和 50 mL 草履虫原液(可根据原液密度自行设置)，再在 3 个三角瓶中分别加入 10 mL 培养液，用水补充到 100 mL。用纱布封口，放到光照培养箱中 20℃培养。

(3)每天定时观察，记录三角瓶中草履虫密度变化。

二、植物自疏现象

(1)准备 3 个花盆，装入适量的土，浇水以备使用。

(2)播种，低密度播种 3 颗，发芽后保留 1 株植物；中密度播种 10 颗，发芽后保留 5 株植物；高密度播种 30 颗，发芽后保留 20 株植物。植物播种数量视花盆大小而定。

(3)适量浇水，保持各花盆环境一致，观察植物生长状况。

(4)培养时间长短视环境温度而定，一般绿叶植物 1 个月便可收获，结果植物需要更长时间。

(5)收获,培养一段时间之后,记录不同密度花盆中植物数量、株高等,齐地面剪下,装入纸袋,放入烘箱,105℃杀青 0.5 h,75℃烘至恒重。

(6)称量不同密度花盆中植物重量,填入表 3-3。

表 3-3　植物种内竞争实验数据记录

花盆编号	密度	植物数量	高度(均值)/cm	生物量/g
1				
2				
3				

三、计算植物个体的平均质量

−3/2 自疏法则为:

$$\overline{W} = C \times d^{-3/2}$$

式中:$\overline{W}$ 为植物个体平均质量;d 为密度;C 为一常数。

【注意事项】

1. 草履虫种群密度设置可根据原液中草履虫密度而定。
2. 植物培养,有果实的植物可在表中添加果实数量、生物量项目。
3. 植物培养还可设置不同培养时间、植物密度和生物量变化情况。
4. 分组实验,不同组可做重复。

【结果分析】

以每盆植株干重对数值 $\lg\overline{W}$ 对其密度的对数值 $\lg d$ 作图,计算回归系数。在 5%置信水平,−3/2 斜率的两条 5%边线的值分别为−1.25 和−1.83。若回归系数在这两条线内,则实验结果与−3/2 自疏法则吻合。

【思考练习】

1. 因种间竞争后形成的种群密度可因哪些因素而改变?
2. 自然现象中有哪些种间竞争的实例?

实验九　种间竞争与他感作用

【实验目的】

1. 掌握物种竞争的研究方法。
2. 理解并验证他感作用的存在。

【实验原理】

(1)生物除种内竞争外,不同物种之间也有竞争,就是种间竞争。种间竞争是两种或多种生物共同利用同样有限资源时而产生的相互竞争作用的现象。两个物种竞争时,由于生态习性、生活型和生态幅等的差异,竞争的结果会出现稳定共存、不稳定共存和一方排挤另一方等。

(2)由于影响种间竞争的因素很多,环境条件的改变会影响种间竞争的结果。他感作用是植物在竞争中取得胜利的一种手段。植物通过向体外释放化学物质,对其他植物产生直接或间接的影响,进而影响其他植物的生长发育。

【实验材料】

250 mL 三角瓶、毛细吸管、显微镜、光照培养箱、具有化感作用的植物[如胜红蓟(*Ageratum conyzoides*)、豚草(*Ambrosia artemisiifolia*)、加拿大一枝黄花(*Solidago canadensis*)、油蒿(*Artemisia ordosica*)等]、受体植物种子(如生菜等)、大草履虫、小双核草履虫。

【方法步骤】

一、草履虫种间竞争

(1)在水渠、湖泊等处采集草履虫,回实验室用显微镜观察鉴别出大草履虫和小双核草履虫两种(根据所采集的样本,也可选择其他种类草履虫)。用毛细吸管吸出两种草履虫,分别放到稻草浸出液中培养,作为草履虫原液。培养环境 20℃光照。

(2)培养一段时间之后,显微镜观察测量两种草履虫原液中草履虫密度(方法见实验六)。取两支试管,在试管中滴入相同数量的两种草履虫,加入培养液。放到光照培养箱中 20℃培养。

(3)每天定时观察试管中草履虫的种类和数量,做好记录,填入表中。

二、他感作用

(1)取化感作用植物的叶子(或释放化感物质的其他部位),用蒸馏水常温下浸泡 24 h,得到化感物质的浸出液,置于冰箱中备用。

(2)取受体植物种子用10%次氯酸钠溶液浸泡20 min,用无菌水冲洗。取2个放2层滤纸的培养皿,分别放入植物种子50～100粒(视培养皿大小而定),一个培养皿中加3～5 mL化感物质浸出液,另一个培养皿加入等量蒸馏水作对照。每组处理3个重复。25℃常温下培养,适当补充水分。每天记录发芽种子数,一周之后计算发芽率。

【注意事项】

1. 草履虫竞争实验注意加入试管中的草履虫数量尽量相等。
2. 制作化感物质浸出液时选取新鲜的植物,并选择分泌化感物质强的部位。

【结果分析】

1. 根据草履虫数量变化,绘制曲线,分析两种草履虫竞争模式。

观察天数	大草履虫数量	小双核草履虫数量
1		
2		
3		
⋮		

2. 植物的萌发是否受到化感物质的影响。

观察天数	实验组			对照组		
	1	2	3	1	2	3
1						
2						
3						
⋮						
发芽率						

【思考练习】

1. 初始种群数量不同对竞争结果会有什么影响?
2. 植物分泌化感物质对植物本身有哪些作用?

实验十 种群扩散实验

【实验目的】

1.掌握研究植物和动物扩散的方法。

2.了解扩散对种群大小及结构的影响。

3.熟悉影响种群扩散的因素。

【实验原理】

(1)生物个体或繁殖体从一个生境转移到另一个生境中,是种群扩散。种群扩散是有机体扩展种群空间的行为。植物在长期的自然选择过程中形成了多种多样的扩散方式,分为主动扩散和被动扩散。

(2)植物是通过繁殖体(孢子、种子、根茎等无性繁殖构件)扩散。老鹳草的果实成熟后,种子会弹出,是一种主动扩散;根茎植物或匍匐茎植物会延伸茎节到新的环境,属于一种主动扩散。蒲公英的种子随风飘散,是一种被动扩散;与母株分开的无性繁殖构件被人或动物带到其他生境,属于一种被动扩散。

(3)与植物相比,动物的扩散主动性更强,是动物离开出生地或繁殖地的一种非方向性运动。

【实验材料】

凤仙花、酢浆草、蒲公英、苍耳等植物,田螺、蜗牛等小型动物,圆形塑料盆,卷尺,记号笔,做标记用的小旗或标签,记录纸,笔。

【方法步骤】

一、种子散布观察

(1)以单独一株酢浆草为中心,向东、东南、南、西南、西、西北、北、东北8个方向画辐射线,并在辐射线上距酢浆草20 cm、40 cm、60 cm、80 cm、100 cm处放边长为5 cm的种子接收器。做好标记,防止破坏。

(2)过一周或两周收集种子,记录各种子收集器位置和收集器中的种子数量。

(3)在坐标图中重现不同位置种子数量。

二、田螺扩散实验

(1)用记号笔在塑料盆底依据盆的大小画若干等距离(5 cm)同心圆,以同心圆的圆心为中心画辐射线,将盆底平均分成8份,即每两条辐射线之间的角度是45°。同心圆从内向外依次标为Ⅰ、Ⅱ、Ⅲ…，被辐射线分割的同心圆内的区域依次标为1、2、3、4、5、6、7、8，如图3-4。不同区域就被标注为Ⅰ-1、Ⅱ-1等。

(2)在塑料盆中装入隔夜的自来水，高度约3 cm。

(3)用记号笔在田螺外壳上标上号码，然后放入塑料盆的中心区域。

(4)记录水的温度，根据实际情况设计田螺扩散的记录时间，如每隔10 min，或每隔30 min。记录田螺所在区域编号。

(5)以上述同样的方法，用不同温度的水重复试验。

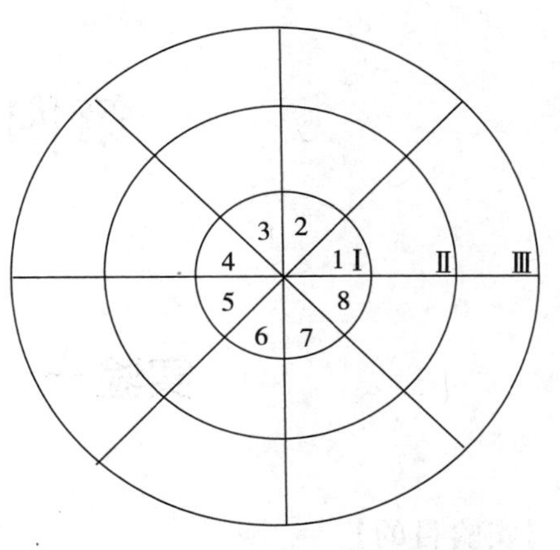

图 3-4　同心圆扩散图

【注意事项】

1. 可根据当地植物情况来确定观察的植物。
2. 观察的植物一定避免人为或其他动物的干扰。
3. 可用陆生小型蜗牛代替田螺。

【结果分析】

1. 观察种子散布坐标图上的数据，分析影响种子散布的因素。
2. 观察田螺的扩散，计算田螺扩散速度，分析哪些因素影响扩散。

【思考练习】

1. 天气状况是否会对种子扩散有影响？
2. 扩散对种群密度有哪些影响？

第四章　群落生态学

实验一　植物群落的调查与取样

【实验目的】

1. 熟悉植物群落野外调查常用的取样方法。

2. 掌握植物群落的样方法和中心点四分法取样技术及植物群落调查的观测方法。

【实验原理】

植物群落是在特定空间或特定生境下植物种群有规律的组合，它们之间以及它们与环境之间彼此影响，相互作用，具有一定的形态结构与营养结构，执行一定的功能。研究植物群落及其与环境之间相互关系的学科称为植物群落生态学。植物群落生态学的研究对象是植物群落，研究的主要内容有：

(1)植物群落的结构　植物种类组成及其种群特性，植物群落的空间结构如外貌、垂直与水平结构等。

(2)植物群落的动态　植物群落的形成、演替等。

(3)植物群落的分类　分类的原则、单位与系统，以及群落的命名等。

(4)植物群落的功能　植物群落与外界环境条件的关系，群落内部环境，群落内物质循环、生产力、能量积累等。

植物群落生态学的研究过程主要对植物群落特征及其与环境的关系进行数量分析，而数量分析的关键是数据的获取，植物群落数据的收集和获取是植物群落研究的基本工作。在植物群落研究中的数据收集过程叫作取样，在取样的过程中，研究人员需要记录一系列反映群落特征的数量指标，这一过程叫作调查记录。通过植物群落调查及对调查数据的数量分析，可以定量解释植物群落与环境间的相互关系，定量分析不同环境条件下植物群落之间的差别和联系。本实验主要介绍植物群落研究中取样和调查记录的原理和方法。

一、植物群落的调查取样技术

在进行植物群落研究时，为获得准确的群落的定量和定性特征，需要对整个群落的特征进行数量和属性的调查，但因人力、物力和时间的限制，现实调查中无法对整个群落进行全面的调查和分析，因此，为了获得准确的定量和定性数据，实际调查中通常从整个群落中选取能

够最大限度代表整个植物群落特征和信息的代表性地段来对整个植物群落进行定量和定性分析,对代表性地段的选取和确定即称为取样技术,包括代表性地段的设置、范围大小等,取样技术因具体的群落类型、调查分析目的、群落所处地理位置等不同而不同。植物群落的取样技术主要包括样地取样和无样地取样。

(一)样地取样技术

样地取样是用一定面积的代表性群落地段来代表整个群落,通过计算这个特定面积内植物种类、频度、株丛数、大小、高度等来确定整个群落的优势种、物种密度和优势度、群落层次、年龄结构等数量和结构特征。在进行群落调查时,选取的代表性群落地段即称为样地,样地通常由一个或若干个连续或分离的群落片段(取样单元),即样方组成,具体要求是取样的植物群落必须是一致的。样地取样技术包括样方大小、形状、数量及排列的选择与确定。

1.样方大小

取样样方大小主要取决于植物群落类型、优势种的生活型及植被的均匀性等。一般而言,采用面积小而数目较多的样方与采用面积较大而数目少的样方均可以达到同样的采样精度,但样方面积小而数目多会增加取样的工作量,同时许多样方的观测值可能很接近,给数量分析带来一定困难,所以,样方大小要适当,一般用群落的最小表现面积作为样方的大小。表4-1列出了一些常见植物群落最小面积的经验参考值,一般建议草本样方为1 m^2,灌木植物群落样方为100 m^2,乔灌植物群落样方为400 m^2,乔木群落样方为600～800 m^2。

表4-1　不同植物群落类型最小面积经验值(参照薛建辉,2006;张金屯,2011)

群落类型	建议使用的群落最小面积/m^2
地衣群落	0.1～0.4
苔藓群落	1～4
沙丘草原	1～10
干草原	1～25
草甸	1～50
高草地	5～50
灌丛幼年林	100～200
东北针叶林	200～400
针阔混交林	200～400
温带落叶阔叶林	200～400
常绿阔叶林	400～800
南亚热带森林	900～1 200
热带雨林	2 500～4 000

2.样方形状

样方形状的选择主要考虑样方的边际效应,一般而言长方形的长与宽的比越大,边长就越长,边际影响误差也越大;正方形的边和面积的比较小,因而边际影响的误差较小;圆形的周长与面积比最小，边际影响的误差也最小。但在实际调查中，应用圆形必须使用特制的样圆，在森林和灌丛研究中困难很大，一般只用于草地群落的调查。同时，有研究表明，使用不同形状的样方所引起的差异一般是不显著的。因此在植物群落调查过程中一般采用正方形或长方形。

3.样方数量

一般而言，取样数量越多，取样误差越小，植物群落调查时要求同种植物群落取样应不少于3个样方。

(二)无样地取样技术

无样地取样也称距离抽样，主要用于研究个体植物所占空间较大的植物群落，或优势植物为灌木的木本植物群落。其原理是在被调查的植物群落代表性地段内确定若干个随机样点，测定每个随机样点到离它最近植物个体的距离，再以多个随机样点测定的所有植物的平均距离估算整个群落内每种植物平均密度、出现频度、相对多度及优势度等。无样地取样对于山地陡峭，不易拉样方的地段更为有效便捷，主要包括中心点四分法、最近毗邻法、随机对法等，最常用的是中心点四分法。

二、植物群落调查的观测记录

植物群落研究时，需要观测和记录群落内的各种植物的一系列特征，主要包括但不限于乔木树种的树高(H)、胸径(DBH)、冠幅、郁闭度(盖度)、出现的频次等，灌木和草本的株丛数、高度、基面积(地径)、盖度等，以反映群落内各物种的生长情况、优势度、所处层次等数量和结构特征。

为了研究植物群落与环境的关系，调查时应同时观测群落所处的地理位置、地质地貌特征、土壤类型及土壤剖面特征等环境参数。

【实验材料】

GPS、罗盘仪、皮尺(50 m/100 m)、卷尺、围尺、测绳、小样方框(1 m×1 m)、测杆、标本夹、标签(挂牌)、记录板、铅笔、橡皮、小刀等。

【方法步骤】

一、植物群落调查前踏查

在进行植物群落调查前，需要根据我们的目的和要求决定调查方法，同时要根据植物群落所处的地势环境采取合适的取样方法。因此，在进行精细调查之前，需要对拟调查的群落进行一定的了解，以确保：

(1)采样地段处在群落的中心或能代表整个群落的特征，植物种类组成均匀一致，避免采样地段位于两个不同类型植物群落的过渡地段。

(2)采样地段植被和土壤相对均质。

(3)采样地段尽量远离人为活动的影响，如道路边缘、放牧、砍伐等，特殊专题调查除外(如人为活动对植物群落的影响)，这个过程称为踏查。踏查可通过步行穿越群落、高处俯瞰及无人机拍摄等方式。

二、植物群落的样地取样调查

(一)调查样方建立

每3～4人一组,在踏查的基础上,在具代表性的地段,设置典型调查样方,样方面积根据最小表现面积而定(样地面积应比最小表现面积稍大,且其面积应便于拉皮尺)。一般地,亚热带常绿阔叶林中乔木样方面积为20 m×30 m,灌木样方面积为10 m×10 m,草本植物群落样方面积为5 m×5 m,用皮尺测距,罗盘仪测角,斜距要改算成水平距,四边闭合差应小于1/200。

样方的建立应远离道路和人为干扰,避开林窗和林缘。

每种类型群落应建立3个以上样方。

样方建立后,在四个角用油漆或树桩进行标记,用测绳或皮尺将四角连接成方形或矩形,并标记边界木(样地内的边界木用"—"标记,样地外的边界木用"×"标记),并在调查表上画出样地的位置方向草图,样方四边分别以A、B、C、D标示,标记完后方可进行调查,以下以乔木群落进行介绍调查方法。

(二)植物群落样方调查(以乔木群落为例)

1. 调查样方设置

样方面积一般为600 m^2(亦可为400 m^2),一般为20 m×30 m(20 m×20 m)的长方形。以测绳或塑料绳将样方平均划分为6～10个相同大小的小样方(本文以10个小样方为例介绍),样方设置如图4-1所示。

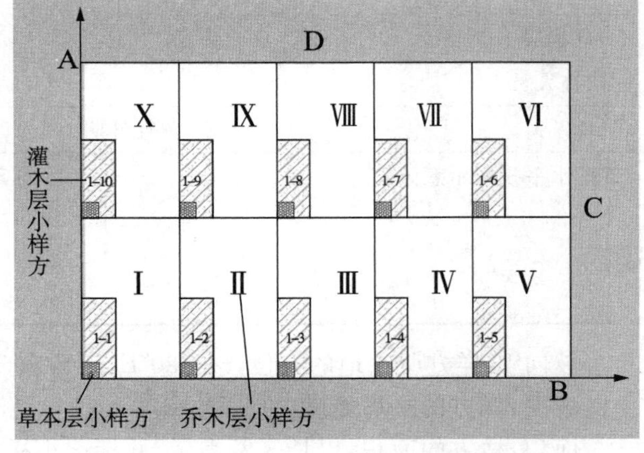

图4-1 乔木植物群落样方设置及编号

样方面积30 m×20 m,由10个6 m×10 m的乔木层小样方组成,Ⅰ～Ⅹ为乔木层小样方,1-1至1-10为2 m×5 m的系统抽样的灌木层小样方,小样方左下角的阴影部分为1 m×1 m的草本层调查小样方。

2. 样方环境因子调查记录

进行详细调查之前,应记录样方环境信息,包括地理位置、群落类型、样方面积、地形地貌、土壤性状、森林起源等,填入记录表(表4-2)。

地理位置:样方的所在位置,如区县市村镇,并标在地形图上。

经纬度:用GPS确定样方所在地的经纬度。

群落类型:用群落主要优势层优势种表示,如马尾松群落、马尾松+白栎群落等。

海拔:用GPS测定海拔高度。

地形:样方所在地的地貌类型,如山地、洼地、丘陵、平原等。

坡位:样方所在坡面的位置,如谷地、坡下部、坡中下部、坡中部、坡中上部等。

表 4-2　植物群落调查样方信息表

<table>
<tr><td colspan="2">样方编号：</td><td colspan="2">群落类型：</td><td>样方面积：</td></tr>
<tr><td colspan="5">调查地点：</td></tr>
<tr><td colspan="5">具体位置描述：</td></tr>
<tr><td>纬度</td><td></td><td>地形</td><td colspan="2">山地（ ）洼地（ ）丘陵（ ）平原（ ）高原（ ）其他（ ）</td></tr>
<tr><td>经度</td><td></td><td rowspan="2">坡位</td><td colspan="2">谷地（ ）坡下部（ ）坡中下部（ ）坡中部（ ）</td></tr>
<tr><td>海拔</td><td></td><td colspan="2">坡中上部（ ）山顶（ ）山脊（ ）其他（ ）</td></tr>
<tr><td>坡度</td><td></td><td>森林起源</td><td colspan="2">天然林（ ）次生林（ ）人工林（ ）其他（ ）</td></tr>
<tr><td>坡向</td><td></td><td>干扰程度</td><td colspan="2">无干扰（ ）轻微（ ）中度（ ）强度（ ）</td></tr>
<tr><td>土壤类型</td><td></td><td>地貌类型</td><td colspan="2"></td></tr>
<tr><td colspan="5">总盖度：</td></tr>
<tr><td>垂直结构</td><td>层高/m</td><td>盖度/%</td><td>主要优势种</td><td rowspan="7">样方位置示意图：</td></tr>
<tr><td>乔木层</td><td></td><td></td><td></td></tr>
<tr><td>乔木亚层</td><td></td><td></td><td></td></tr>
<tr><td>灌木层</td><td></td><td></td><td></td></tr>
<tr><td>草本层</td><td></td><td></td><td></td></tr>
<tr><td>调查人员</td><td colspan="3"></td></tr>
<tr><td colspan="2">记录人：</td><td colspan="2">调查日期：</td></tr>
<tr><td colspan="3">群落水平投影示意图：</td><td colspan="2">群落垂直投影示意图：</td></tr>
</table>

坡向①：样方所在地的方位，以 S30°E（南偏东 30°）的方式记入，用便携式罗盘仪测定。

坡度：样方的平均坡度。

面积：样方的面积，以长×宽表示，并标记小样方面积。

土壤类型：样方所在地的土壤类型，如黄壤、褐色森林土、山地黄棕壤等。

森林起源：按天然林、次生林和人工林记录。

干扰程度：按无干扰、轻微、中度、强度等记录。

群落层次：记录群落垂直结构的发育程度，如乔木层、灌木层、草本层等是否发达等。

优势种：记录各层次的优势种，如果某层有多个优势种，要同时记录，若不能确定优势种，可在调查分析后补充。

① 坡向，坡面法线在水平面上的投影的方向。一般根据样地范围的地面朝向，用罗盘仪方位角确定坡向。北坡：方位角 338°～22°；东北坡：方位角 23°～67°；东坡：方位角 68°～112°；东南坡：方位角 113°～157°；南坡：方位角 158°～202°；西南坡：方位角 203°～247°；西坡：方位角 248°～292°；西北坡：方位角 293°～337°。对于坡度小于 5°的地段，坡向因子按无坡向（或全向坡）记载。

群落高度：群落优势层的大致高度，可给出范围，如15～18 m。

盖度[①]：各层的盖度，用百分比表示，见图 4-2。

3. 草本层植物调查

按草本植物小样方编号顺序，调查记录每个小样方内草本植物名称、平均高度[②]、盖度、多度（株丛数）等数量特征，填入记录表（表 4-3），同时记录各小样方内草本植物的总盖度。

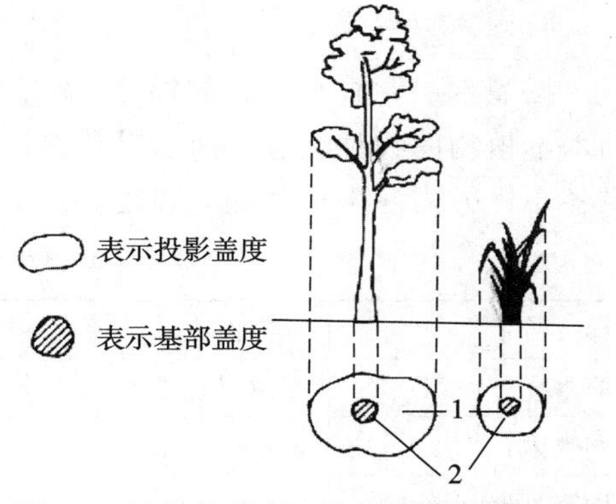

图 4-2　植物盖度表示方法（姜汉桥等，2004）

物种的多度是表示组成植物群落各成分的数量多少的一种指标，通常乔木层、灌木层可用密度表示，查数样地内株数换算成单位面积的株数即可。多度通常适用于草本层或灌木层。多度的等级标准很多，常用的是德鲁捷（Drude）多度等级结合盖度进行判断记载。等级如下所示。

（1）Soc（sociales）　极多，植株地上部分密闭，形成背景，覆盖面积 75%以上。

（2）Cop3（copiosae）　很多，植株很多，覆盖面积 50%～75%。

（3）Cop2　多，个体多，覆盖面积 25%～50%。

（4）Cop1　较多，个体尚多，覆盖面积 5%～25%。

（5）Sp（sparsal）　尚多，植株不多，星散分布，覆盖面积 5%。

（6）Sol（solitariae）　稀少，植株稀少，偶见一些植株。

（7）Un（unicum）　单株，仅见一株。

表 4-3　植物群落样方草本层调查记录表

<table>
<tr><td colspan="2">样方号：</td><td colspan="2">样方面积：</td><td colspan="3" rowspan="4">小样方位置示意图：</td></tr>
<tr><td colspan="2">草本样方面积：</td><td colspan="2">草本层总盖度：</td></tr>
<tr><td colspan="2">调查人：</td><td colspan="2">记录人：</td></tr>
<tr><td colspan="2">调查日期：</td><td colspan="2"></td></tr>
<tr><td>小样方编号/盖度</td><td>物种名称</td><td>平均高度/cm</td><td>盖度/%</td><td>多度</td><td>生活型</td><td>备注</td></tr>
<tr><td></td><td></td><td></td><td></td><td></td><td></td><td></td></tr>
<tr><td></td><td></td><td></td><td></td><td></td><td></td><td></td></tr>
<tr><td></td><td></td><td></td><td></td><td></td><td></td><td></td></tr>
<tr><td></td><td></td><td></td><td></td><td></td><td></td><td></td></tr>
<tr><td></td><td></td><td></td><td></td><td></td><td></td><td></td></tr>
</table>

① 盖度指植物枝叶所覆盖的土地面积占样地（样方）面积的比例，用百分数或小数点表示。实测方法有水平投影面积计算和样点法。水平投影面积法即通过绘制水平投影图，用投影面积/样地面积表示；样点法即通过样方内布设若干均匀的样点（通常沿对角线布设 15～20 个点），样点被植物枝叶所覆盖记为“有”，样点无植被覆盖记为“无”，记“有”的点数占总样点数的百分比即为样方盖度。也可根据植冠互相靠拢程度、间隙大小及数量等进行估测。调查中要分别测定乔木层、灌木层、草本层的盖度及各亚层的盖度。

② 灌木和草本平均高度，即样方内物种的平均高度。测定方法可直接测量最高和最矮的植株高度计算平均值；也可通过测量具有平均代表水平的植株高度作为平均高度。可直接用卷尺或测杆测量。

4. 灌木层植物调查

按灌木层调查小样方的顺序，调查并记录每个小样方内所有胸高直径(DBH)小于 3 cm 的木本植物的物种名称、株数、平均高度、平均地径、盖度等信息，填入记录表(表 4-4)，同时记录各小样方内灌木植物的总盖度。

表 4-4　植物群落样方灌木层调查记录表

<table>
<tr><td colspan="2">样方号：</td><td colspan="4">样方面积：</td><td colspan="5" rowspan="4">小样方位置示意图：</td></tr>
<tr><td colspan="2">灌木样方面积：</td><td colspan="4">灌木层总盖度：</td></tr>
<tr><td colspan="2">调查人：</td><td colspan="4">记录人：</td></tr>
<tr><td colspan="2">调查日期：</td><td colspan="4"></td></tr>
<tr><td rowspan="2">小样方编号/盖度</td><td rowspan="2">物种名称</td><td colspan="3">高度/cm</td><td rowspan="2">盖度/%</td><td rowspan="2">株数</td><td colspan="3">地径/cm</td><td rowspan="2">生活型</td></tr>
<tr><td>最高</td><td>最低</td><td>平均</td><td>最大</td><td>最小</td><td>平均</td></tr>
<tr><td></td><td></td><td></td><td></td><td></td><td></td><td></td><td></td><td></td><td></td><td></td></tr>
<tr><td></td><td></td><td></td><td></td><td></td><td></td><td></td><td></td><td></td><td></td><td></td></tr>
<tr><td></td><td></td><td></td><td></td><td></td><td></td><td></td><td></td><td></td><td></td><td></td></tr>
</table>

5. 乔木层植物调查

按照设置的乔木调查小样方的顺序，对小样方内的每株乔木进行编号和调查测量。

小样方乔木层郁闭度(盖度)：样方内乔木投影面积占样方面积的百分比。

树木编号：将所有胸高直径(DBH)≥3 cm 的树木按样方顺序进行编号，以备复查，编号由样方号＋小样方号＋树号组成。

物种记录：记录样方内树种名称，对于不能识别种的树种，应采集树种标本或拍照带回实验室鉴定，标本或照片应能表现该树种的识别特征，标本编号应和该树种编号一致。

胸高直径(胸径，DBH)测量：胸高直径规定为树木离地面 1.3 m 处的直径，用专门的围尺或游标卡尺测量。测量胸径时，如树木处于斜坡上，应以上坡为基准；树木在 1.3 m 以下有分叉的，可视为不同个体进行测量；当树种 1.3 m 处出现不规则(如瘤、分叉等)时，可采用上移或下移至树干规则的位置进行测量。胸径测量位置参照图 4-3。

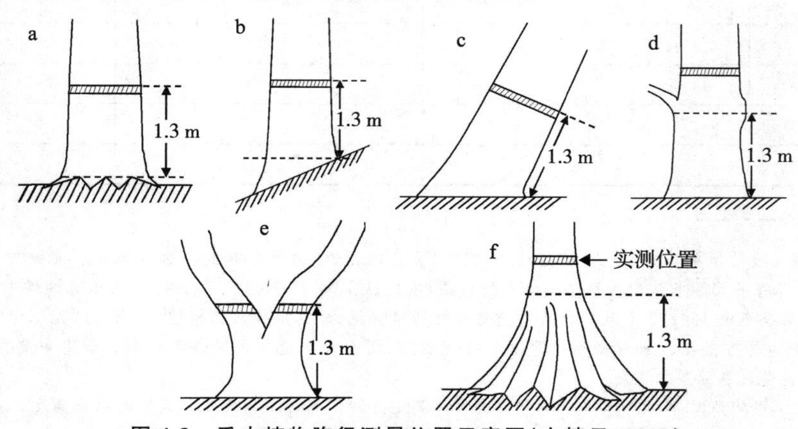

图 4-3　乔木植物胸径测量位置示意图(方精云，2009)

树高测量：树高指树梢最高生长点离地面的垂直距离。树高的测量分为实测和估测，实测采用测高仪或测杆进行精确测量，估测则是先选取已知大概高度的参照系，将所测树木与参照系进行对比确定树木的大概高度。

冠幅测量：冠幅指树冠的宽度（或树冠投影宽度），用树冠东西和南北两个方向宽度的平均值（或乘积）表示，一般认为冠幅大小与树木同化量成正相关性。冠幅的测量通常采用实测，可直接用测杆或测绳测量树冠东西和南北两向的宽度，也可测量树冠两向的投影宽度。对于经验丰富的生态学者和林学家可直接进行估测。

枝下高测量：枝下高指树木从下往上数，第一棵活枝与地面之间的垂直距离，测量方法和树高测量相同。

植物分布格局：测量树干到样方两个垂直边的距离，通过树干到样方边界的距离绘制植株水平分布格局。

调查测量时，将各调查测量数据填入数据记录表（表 4-5）。

表 4-5　植物群落样方乔木层调查记录表

<table>
<tr><td colspan="3">样方号编号：</td><td colspan="2">样方面积：</td><td colspan="7" rowspan="5">样方布设示意图：</td></tr>
<tr><td colspan="3">小样方数：</td><td colspan="2">乔木层总盖度：</td></tr>
<tr><td colspan="3">调查人：</td><td colspan="2">记录人：</td></tr>
<tr><td colspan="3">调查日期：</td><td colspan="2"></td></tr>
<tr><td colspan="3">小样方编号：</td><td colspan="2">小样方乔木层盖度：</td></tr>
<tr><td rowspan="2">树木编号</td><td rowspan="2">树种名称</td><td rowspan="2">胸径/cm</td><td rowspan="2">树高/m</td><td rowspan="2">枝下高/m</td><td colspan="2">冠幅/m</td><td colspan="4">距各边距离/m</td><td rowspan="2">备注</td></tr>
<tr><td>前后</td><td>左右</td><td>A</td><td>B</td><td>C</td><td>D</td></tr>
<tr><td></td><td></td><td></td><td></td><td></td><td></td><td></td><td></td><td></td><td></td><td></td><td></td></tr>
<tr><td></td><td></td><td></td><td></td><td></td><td></td><td></td><td></td><td></td><td></td><td></td><td></td></tr>
<tr><td></td><td></td><td></td><td></td><td></td><td></td><td></td><td></td><td></td><td></td><td></td><td></td></tr>
</table>

6.灌木植物群落和草本植物群落调查

灌木植物群落和草本植物群落的调查方法和乔木植物群落中灌木层和草本层的调查方法相似，灌木植物群落样方一般为 10 m×10 m（图 4-4a），草本植物群落样方为 5 m×5 m（图 4-4b）。

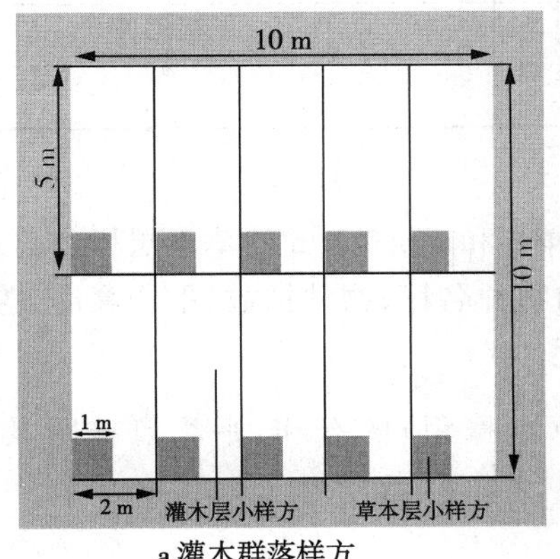

a.灌木群落样方

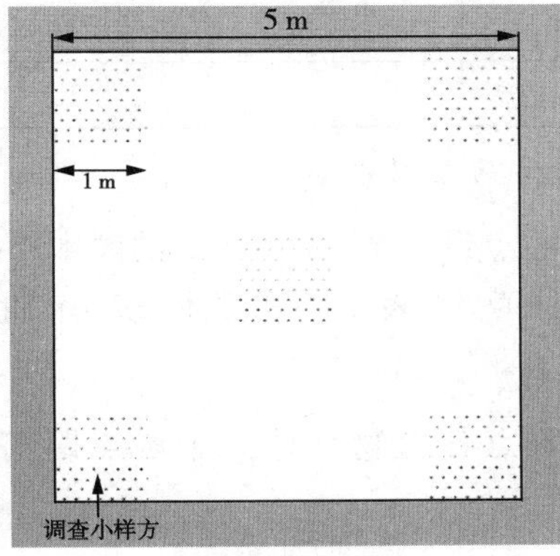

b.草本植物样方

图 4-4　灌木植物群落和草本植物群落调查样方示意图

(三)植物群落的无样地取样调查(中心点四分法)

1.中心测点确定

在拟调查的植物群落内随机抽取10个样点作为中心测点,测点间距离原则上应使所测树木不发生重叠,将木制的十字架的中心与测点重合,用测绳将十字架的两条线延长,在地面上形成四个象限,按一定顺序将四个象限进行编号(图4-5)。

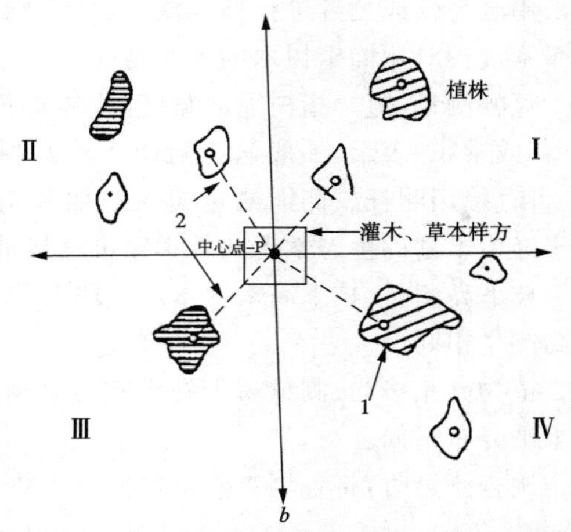

P.中心点　1.观测植物　2.测定的距离　Ⅰ～Ⅳ.四分象限

图4-5　中心点四分法布点示意图

(陆地生物群落调查观测与分析)

2.乔木层植物调查

样点布设完成后,在每个象限内选择一株离中心点最近的乔木(胸径≥3 cm),记下物种名称,测量植株到中心点的水平距离 d、胸径、树高、冠幅等参数,填入记录表(表4-6),同一象限内若离中心点最近的树木有多株,应同时调查记录。

表4-6　中心点四分法乔木层调查表(供参考)

中心点号	象限号	植物名称	距中心点距离/m	胸径/cm	树高/m	冠幅/m	备注
1	Ⅰ						
	Ⅱ						
	Ⅲ						
	Ⅳ						
	其他						
2	Ⅰ						
	Ⅱ						
	Ⅲ						
	Ⅳ						
	其他						

3.灌木层和草本层调查

在每个中心点设一个2 m×2 m的灌木层样方和1 m×1 m的草本层样方,按照样方的调查方法调查记录草本(表4-3)和灌木(表4-4)的物种名称、物种株数、平均高度、盖度等。

4.数据统计

计算所有样点各植物个体到中心点距离(点株距)的总和、平均点株距及物种平均密度等。

$$单个样点植株点株距之和\ D = \sum d_i\ ;$$

$$所有样点植株点株距之和\ \sum D = \sum D_j$$

$$平均点株距\ \overline{d} = \sum D / N$$

所有物种的平均密度 $\overline{P} = 1/\overline{d}^2$（表示单位面积上植物的数量，这里的单位面积为 1 m^2）

单一物种的平均密度 $\overline{p} = \overline{P} \times f$（$f$ 表示单一物种出现的频度，$f = n/N$）

式中：d_i 为某样点第 i 象限内所测植物距中心点距离之和，D_j 为样点 j 中的点株距之和，n 为所有调查样点中测定的某一物种的株数，N 为所有样点记录到的所有植株数。

【注意事项】

1. 开展植物群落调查时，选择的代表性群落地段应远离道路、放牧、砍伐等人为活动的影响，同时避免选择林缘、林窗所处位置。

2. 进行植物群落调查时，应遵循先草本后灌木和乔木的调查顺序。

3. 进入森林开展植物群落调查时，禁止携带和产生明火。

【结果分析】

统计分析样方法和无样地法调查的植物群落中各植物密度、乔木径级分布和物种频度。

【思考练习】

1. 在进行森林植物群落调查时，为何要按照草本、灌木、乔木的顺序进行调查？

2. 植物群落的样方法与无样地法取样调查有何优缺点？

实验二　植物群落的组成、表现面积调查

【实验目的】

1. 了解植物群落种类组成与群落结构的关系。

2. 掌握植物群落最小表现面积确定的原理及巢式样方确定植物群落最小表现面积的方法。

【实验原理】

植物群落的组成是指群落内植物种类构成，可把一个植物群落内全部的植物种类称为该植物群落的种类组成。植物群落的种类组成是植物群落性质的重要因素，也是鉴别不同群落类型的基本特征，群落学研究一般都从种类组成开始。

植物群落的种类组成不仅反映群落所处环境的状况，而且能反映整个群落的历史演化及其与环境之间的相互联系。要调查一个群落的种类组成，最简单的办法就是对整个群落内的种类进行统计，但一般植物群落占地面积非常大，植物物种在群落内分布也很不均匀，因人力物力的限制，不可能对整个群落进行全面的调查统计，也不能只在一个很小的面积上进行调查用来代表整个群落的种类构成。研究认为，对于特定的植物群落，随着调查面积的增大，群落内物种的种类并不会一直增加，而是当调查面积增加到某一面积之后，调查记录的物种会保持一个稳定的水平，生态学家以此提出了群落最小表现面积的概念。

最小表现面积是指，在一个最小的地段内，对一个特定群落能提供足够的环境空间或能保证展现出该群落的种类组成和结构的真实特性的群落面积，或是能包括群落大多数种类，并表现出群落基本的种类组成和结构特征的最小面积。

【实验材料】

皮尺、卷尺、记录板、坐标纸、三角板、铅笔、植物鉴定工具等。

【方法步骤】

一、“种—面积曲线”绘制

调查方法采用种—面积曲线（巢式样方，图 4-6a），即在群落中央以一个较小面积的初始样方（一般地，草本植物群落初始面积为 0.1 m×0.1 m，灌木群落为 2 m×2 m，乔木群落可为 5 m×5 m）逐倍扩大样方面积，统计面积扩大增加的物种数（表 4-7），用物种的数目与样方增加面积的累计数之间的关系，绘制出“种—面积曲线”（图 4-6b）。

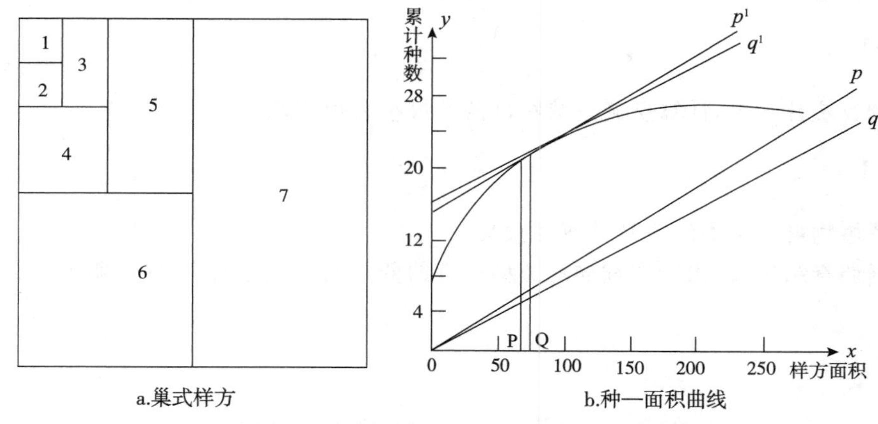

a.巢式样方　　b.种—面积曲线

图 4-6　巢式样方确定群落最小表现面积(仿薛建辉,2006)

表 4-7　巢式样方"种—面积曲线"调查示意表

样方号	样方面积/m^2	新出现物种	累计种数
1	4	木荷、马桑、马银花、乌饭、山鸡椒、菝葜、算盘子	7
2	8	矮杨梅、椤木石楠、羊角藤、金银花	11
3	16	盐肤木、木青、杏叶沙参	14
4	32	映山红、茅栗、山核桃	17
5	64	白栎、苦槠、老鼠矢、青荚叶、小果南烛、侧柏、火棘	24
6	128	粉枝莓、小果蔷薇	26
7	256	山矾、山合欢、雀梅藤	29

二、群落最小面积确定

(1)方法一　样地总面积增加10%,植物种数增加10%,确定最小面积。

从"种—面积曲线"坐标原点(0,0)通过x,y的10%点(10%,10%)作线p,以p为标准作平行线p^1,与"种—面积曲线"正切,然后把正切点延长至x轴则得到最小面积。(本处最小面积确定,是在调查的基础上作"种—面积曲线"后,以数学方法在曲线上进行确定,而非直接调查结果。)

(2)方法二　面积增加10%时,种类增加5%,可获得较保守的结果。

从原点(0,0)通过全部种类的5%可获得样地面积的10%,以确保的点(10%,5%)作线q,以q为标准作平行线q^1,与"种—面积曲线"正切,然后把正切点延长至x轴则得到最小面积。

一般来说,热带雨林2 500～4 000 m^2,亚热带森林900～1 200 m^2,温常绿阔叶林400～800 m^2,但是具体情况通过种—面积曲线而定,如亚热带常态地貌与喀斯特地形有所不同。

【注意事项】

1. 选择调查地段时,应遵循植物群落调查取样原则,在具有代表性的地段取样。

2. 在扩大巢式样方面积时，不能超出该特定群落所固有的特征之外。

【结果分析】

根据调查统计结果，计算所调查植物群落的最小表现面积。

【思考练习】

1. 思考植物群落种类组成及其研究意义。
2. 根据调查结果，提出所调查群落类型适宜的群落调查样方面积，并说明为什么。

实验三 植物群落的环境因子作用分析

【实验目的】

1. 了解同气候区不同海拔、坡向、坡度等地形环境对植物群落组成与群落类型的影响。
2. 熟悉植物群落组成结构的表示方法。
3. 掌握植物群落的样方法调查取样技术。

【实验原理】

环境是指某一生物有机体或生物群体以外的空间,以及直接或间接影响该有机体或生物群体生存的一切因子的总和,包括有机环境和无机环境。植物群落是一个有机的统一体,因此对植物群落而言,其环境因子主要包括群落生物有机体以外的所有环境要素。

光照、温度、水分和土壤养分等环境因子能直接影响植物的生长和发育,同时对植物的分布起着重要的作用,环境因子通过影响植物个体和种群的生长、发育和分布,从而影响植物群落的物种组成和群落结构。海拔、坡度、坡向等环境因素虽然不能直接作用于植物个体,但在同一气候区内,海拔、坡度、坡向等地形因子通过对温度、光照、水分和土壤养分的空间再分配而间接影响植物种群数量和整个群落的结构。因此,通过了解同一气候区内,不同海拔、坡度、坡向等地形因子对植物群落的影响,能更直观地了解环境因子对植物生长和分布的影响,是认识植物群落组成和结构与环境之间关系的基础。

一般地,植物群落的结构主要取决于构成植物群落的物种的种类及其数量,即植物群落的结构可以简单地以组成植物群落的物种种类及其多少、大小等表示(海拔、坡度、坡向等环境因子的测定请参照第二章的相关实验)。

【实验材料】

GPS、皮尺(50 m)、测绳、卷尺、围尺、样方框(1 m×1 m)、树高仪、标本夹、油漆、植物群落调查表 4-2 至表 4-5 等。

【方法步骤】

1. 样地选择

根据所在地地理环境条件,按照植物群落调查取样原则,分别选择同一海拔的南北两个山体坡面的植物群落;同一海拔,同一坡向,不同坡度(坡度差 10°以上)的两个植物群落;同一坡向,相似坡度,处于不同海拔(海拔差 100 m 以上)的两个植物群落进行植物群落调查。

2. 群落调查样方设置

根据本章实验一的植物群落样方法调查的原则和方法,乔木群落样方设置 20 m×20 m,

分乔、灌、草三层进行调查；灌木群落样方为 10 m×10 m，分灌、草两层调查；草本群落样方为 5 m×5 m。同组实验，植物群落内设小样方大小和数目要统一，样方重复不小于 3 次。

3. 群落调查

按照本章实验一的调查方法调查各植物群落的数量指标，并将数据填入到相应记录表 4-2至表 4-5 中。

【注意事项】

1. 进行样地选择时，同一实验组应按照单一变量原则进行选择，即除对比因子外，其他因子应保持一致或处于相似水平。

2. 本实验所指的植物群落包括乔木群落、灌木群落和草本群落。

【结果分析】

根据调查结果，统计各植物群落的物种组成和数量，计算植物优势度和物种多样性等数量指标。

【思考练习】

1. 分析南坡与北坡（或大坡度与小坡度、高海拔与低海拔）植物群落物种组成及数量指标的异同。

2. 根据同实验组不同植物群落组成与结构的差异，运用所学知识，解释环境因子对植物群落有何影响？

实验四　植物群落的生活型谱调查

【实验目的】

1.熟悉各植物生活型的划分依据及划分类型。

2.掌握植物群落生活型谱的调查方法。

【实验原理】

一、生活型

生活型是生物对外界环境适应的外部表现形式，植物生活型是植物对外界综合环境长期适应表现出来的外貌特征和类型，一般表现为植物个体大小、形状、生命周期和分支结构等，同一生活型的物种，不但个体形态相似，而且其适应机理也相似。

植物生活型的划分目前主要根据丹麦生态学家C. Raunkiaer的生活型划分标准，把植物生活型划分为5个类型：

(1)高位芽植物(phanerophytes，Ph)　多年生休眠芽位于距地面25 cm以上，根据植物高度分为4个亚类，即大高位芽植物(植株高度＞30 m)、中高位芽植物(植株高度8～30 m)、小高位芽植物(植株高度2～8 m)和矮高位芽植物(植株高度25 cm～2 m)，包括乔木、灌木、木质藤本植物、附生植物和高茎的肉质植物等。

(2)地上芽植物(chamaephytes，Ch)　更新芽位于土壤表面之上，25 cm之下，多为半灌木或草本植物。

(3)地面芽植物(hemicryptophytes，H)　又称浅地下芽植物或半隐芽植物，更新芽位于近地面土层内，在不利季节，地上部分全枯死，即为多年生草本植物。

(4)地下芽植物(cryptophytes，Cr)　又称隐芽植物，更新芽位于较深土层中或水中，多为鳞茎类、块茎类和根茎类多年生草本植物或水生植物。

(5)一年生植物(therophytes，Th)　只能在良好季节生长的植物，以种子的形式度过不良季节，如一年生草本植物。

二、生活型谱

植物群落的生活型谱指群落中各生活型物种数占该群落所有物种数的百分率的序列，某一生活型的百分率计算公式为：

$$\text{某一生活型的百分率}=\frac{\text{该生活型植物的物种数}}{\text{该群落所有植物的物种数}}\times 100\%$$

一般情况，气候相近区域的植物群落具有相似的生活型谱，一般情况下，气候温暖潮湿的地区，主要以中高位芽植物为主；在温带和一些草原地区，主要以地面芽植物为主；干旱炎热的荒漠地区以一年生植物为主；高寒地区以地面芽植物和地下芽植物占优势。表 4-8 列出了生态学家 C. Raunkiaer 调查的世界不同气候区的植物生活型谱。

表 4-8　C. Raunkiaer 调查不同地区植物生活型谱(李博,2000)

地点	记录种数	生活型百分率/%					植物气候	气候特点
		Ph	Ch	H	Cr	Th		
谢尔群岛	258	61	6	12	5	16	高位芽植物气候	热带潮湿气候
丹麦	1 048	7	3	50	22	18	地面芽植物气候	温带气候
死谷	294	12	21	20	5	42	一年生植物气候	热带沙漠气候
斯匹茨尔根	110	1	22	60	15	3	地上芽植物气候	寒带/高山气候

【实验材料】

皮尺(50 m)、卷尺、标本夹、标本夹、植物志书等。

【方法步骤】

(1)样方设置:按照植物群落样方法调查原则,在代表性群落地段设置样方,代表性群落可选择乔木林地、灌木或草地。

(2)每 3～4 人一组,各代表性群落地段设样方 3～5 个,记录样方内植物名称,列出植物名录(表 4-9)。对能现场确定生活型的物种及时标记其生活型;现场不能确定生活型的,记录物种名称后查阅已有资料确定其生活型。

表 4-9　植物群落生活型谱调查表

序号	植物名称	植物类别(乔木/灌木/草本)	生活型	备注

【注意事项】

如调查过程中遇到不能野外鉴别的植物种类时,应采集标本(或拍照),并在标本上挂上标签,并在表 4-10 中记载相应的编号,以便返回实验室鉴定定名。

【结果分析】

根据调查结果和植物群落生活型百分率公式计算样方内各生活型植物百分率,多个样方平均后,确定所调查群落的生活型谱。

【思考练习】

1. 划分植物生活型的生态学意义是什么?
2. 在调查植物生活型谱过程中应注意哪些问题?

实验五　植物群落的物种多样性观测

【实验目的】

1. 熟悉植物群落中物种优势度的表示方法。
2. 掌握植物群落物种重要值及 α 多样性指数的调查和计算方法。
3. 了解植物群落多样性对生态系统稳定性的生态学意义。

【实验原理】

植物群落物种多样性是指群落中物种的多样化和变异性以及物种生活环境的复杂性的总和，是反映群落物种组织水平和群落功能特征的重要数量指标。植物群落物种多样性有两层含义：一是反映一个群落或地段中物种数目的多寡（丰富度）；二是反映群落中全部物种个体数目的分布特征（均匀性）。植物群落物种多样性是反映植物群落复杂程度的重要指标，也是比较不同植物群落组织水平和复杂性的重要参数，一般地，物种多样性指数越高，反映群落物种组成结构越复杂，物种数目在各物种间的分配也越均匀。

在观测单个植物群落时，估计其物种多样性或复杂性最简单的方法就是记录群落内物种的数量，即物种丰富度指数，但当对多个群落进行比较时，只使用物种丰富度往往存在很大的误导。如表 4-10 所示，假设群落Ⅰ、Ⅱ、Ⅲ3 个群落物种个体总数均一致，但群落Ⅰ中 5 个物种个体数相同，可以理解为这个群落中 5 个物种的作用大致相同；群落Ⅱ中物种 2 和物种 3 共同占主导地位，可理解为在此群落中主要是物种 2 和物种 3 共同起主导作用；而群落Ⅲ中，可以说物种 2、物种 3、物种 4、物种 5 在这个群落中的作用微乎其微，只有优势种物种 1 起重要作用。所以如果仅以物种丰富度来比较不同群落的物种多样性，往往不能真实反映群落的多样性差异（当然，上述假设仅考虑物种数量主导群落特征的情况），因此，在对植物群落物种多样性进行测定和对比时，应该考虑物种的优势度（重要性）。

表 4-10　不同群落物种数相同时个体数量分布比较

群落	物种 1	物种 2	物种 3	物种 4	物种 5
Ⅰ	200	200	200	200	200
Ⅱ	100	400	400	50	50
Ⅲ	800	50	50	50	50

一、物种重要值

物种优势度可以用于表示某个种在群落中的地位和作用，其表示方法不同学者有不同主张，如 Braun-Blanquet 主张以盖度或生物量来表示优势度，苏联学者 BH. Cykaqeb 主张以物种个体数量、密度等作为某物种的优势度，也有学者以物种的盖度和多度的总和来表示物种优势度。美国生态学者 J. T. Curtis 和 R. P. McIntosh 采用重要值(IV)表示物种在群落中的优势度,重要值是表示某个物种在群落中的地位和作用的总和的数量指标,目前的群落学研究中普遍采用重要值表示物种的优势度,J. T. Curtis 和 R. P. McIntosh 最初采用重要值来确定群落中乔木的优势度,其计算方式如下:

$$重要值(IV)=相对密度+相对频度+相对显著度(相对基盖度)$$

上述计算式中相对显著度可用物种的相对盖度、相对基面积(胸高断面积)、相对高度等表示。根据 J. T. Curtis 和 R. P. McIntosh 的概念,重要值的计算还可以表示为:

$$重要值(IV)=\frac{1}{3}[相对密度+相对频度+相对显著度(相对基盖度)]$$

上述重要值是目前比较广泛采用的重要值计算公式,其中:

$$相对密度=\frac{某个物种的密度}{所有物种的密度和}\times 100\%$$

$$相对频度=\frac{某个物种的频度}{所有物种频度之和}\times 100\%$$

$$相对显著度=\frac{某个物种的显著度}{所有物种显著度之和}\times 100\%$$

二、物种多样性指数

群落多样性是生物群落的重要特征,反映群落自身特征及其与环境之间的相互关系。群落多样性一般包括 α 多样性和 β 多样性。本实验主要计算群落的 α 多样性。

α 多样性有物种丰富度指数、物种多样性指数和物种均匀性指数等几种。以下是几种多样性指数的测度方法:

(1)物种丰富度指数(R)　物种丰富度是对一个群落中所有实际物种的测量,一般采用 Margalef 丰富度指数计算,用公式表示为:

$$R=\frac{S-1}{\ln N}$$

式中:S 表示植被群落中物种种数,N 表示植被群落中全部物种个体总数。

(2)物种多样性指数　通常采用 Shannon-Wiener 多样性指数(H)和 Simpson 多样性指数(D)表示,计算公式表示为:

Shannon-Wiener 多样性指数:

$$H=-\sum_{i=1}^{S}(p_i\ln p_i)$$

Simpson 多样性指数:

$$D=1-\sum_{i=1}^{S}(p_i)^2$$

式中:S 表示群落中物种数,p_i 表示群落种第 i 种的重要值。

(3)物种均匀度指数(E)　均匀度指生物群落中不同物种的多度分布的均匀程度,常用 Pielou 均匀性指数计算,公式表示为:

$$E=\frac{H}{\ln S}$$

式中：H 表示 Shannon-Wiener 多样性指数，S 表示植物群落中物种种数。

【实验材料】

GPS、罗盘仪、皮尺(50 m/100 m)、卷尺、围尺、测绳、小样方框(1 m×1 m)、测杆、标本夹、标签(挂牌)、记录板、铅笔、橡皮、小刀等。

【方法步骤】

1. 样地选择

根据所在地的地理环境条件，按照植物群落调查取样原则，选择两个以上的植物群落进行植物群落调查。

2. 群落调查样方设置

根据本章实验一的植物群落样方法调查的原则和方法，乔木群落样方设置 20 m×30 m，分乔、灌、草三层进行调查；灌木群落样方为 10 m×10 m，分灌、草两层调查；草本群落样方为 5 m×5 m。植物群落内设小样方大小和数目要统一，样方重复不小于 3 次。

3. 群落调查

按照本章实验一的调查方法调查各植物群落的数量指标，并将数据填入相应记录表(表 4-2 至表 4-5)。

【注意事项】

因某些灌木和草本植物数目较多，并且多为丛生(如禾本科植物)，统计其株数较为困难，同时以其株数来计算重要值有时并不准确，因此，一般情况下，计算灌木和草本层植物的多样性指数时，往往采用相对频度和相对盖度计算重要值，其表示为：

$$\text{重要值(IV)}=\frac{1}{200}[\text{相对频度}+\text{相对显著度(相对基盖度)}]$$

【结果分析】

根据调查结果，运用植物群落物种多样性指数计算公式，计算所调查的各植物群落的物种多样性指数，并分析各群落间物种多样性指数的差异。

【思考练习】

1. 对比分析不同植物群落的物种多样性特点及其差异。
2. 结合不同植物群落的生境特征，分析不同植物群落物种多样性差异有何生态意义？
3. 在植物群落(特别是乔木植物群落)中，哪一层植物对群落物种多样性的贡献最大？

实验六　植物群落结构及影响因子分析

【实验目的】

1. 认识植物群落的垂直结构、水平分布格局及群落外貌季相等植物群落结构。

2. 掌握乔木植物群落垂直结构和水平结构的调查方法及垂直剖面图和水平投影图的绘制。

3. 熟练掌握植物群落调查的基本方法及植物群落结构特征的综合分析方法。

【实验原理】

植物群落结构是植物群落中相互作用的种群在长期的协同进化中形成的对环境的适应特征，主要包括群落的物种组成（含优势种、伴生种、偶见种）、年龄构成、植物生活型、植物群落的垂直结构、植物群落的水平结构及群落的外貌和季相等。

植物群落的垂直结构指群落中物种组成的分层现象，植物群落的垂直分层主要与植物对光的利用有关，主要由植物种类及其生活型决定，一般乔木植物群落从上到下可分为乔木层、灌木层和草本层，部分群落的乔木层可分为多个亚层。

植物群落的水平结构指植物群落的物种的配置状况及分布格局，植物群落的水平结构主要取决于生境条件的异质性。

植物群落的外貌主要指植物群落的外部形态和表相，植物群落的外貌取决于群落的种类组成和优势种的生活型和层片结构。群落的外貌随着气候的季节性交替而表现出不同的外貌，这就叫季相。

植物群落结构特征一般通过植物群落的种类组成、生活型谱及优势种的生活型、垂直分层等来表示。

【实验材料】

GPS、罗盘仪、皮尺（50 m/100 m）、卷尺、围尺、测绳、小样方框（1 m×1 m）、测杆、标本夹、标签（挂牌）、记录板、坐标纸、铅笔、橡皮、小刀等。

【方法步骤】

一、群落类型选择

根据实地植被情况，选择草地、灌木林地、乔木林地、人工林地、天然林地、群落交错区等植物群落类型开展植物群落调查。

二、群落样方调查

按照植物群落调查取样的样方法，对所选择的各植物群落布设群落样方进行群落调查，将调查数据记录于表4-2至表4-5中。

三、数据统计及处理

根据调查结果，分析各群落结构特征：

(1)统计各群落样方内的物种组成、物种数量、频度、多度、盖度、重要值，计算各样方内物种多样性指数，并根据物种重要值结合群落实际状况，确定群落的优势种。

(2)统计各群落样方植物生活型谱，并标记优势种生活型。

(3)针对乔木植物群落，按2 m一个级别，统计各高度级别乔木植物数量(表4-11)；同时按2 cm一个径级，统计乔木的径级分布(表4-12)。

表4-11　样方乔木植物高度分布表

高度	(2,4] m	(4,6] m	(6,8] m	(8,10] m	(10,12] m	(12,14] m
株数						

表4-12　样方乔木径级分布表

径级	(3,5]cm	(5,7]cm	(7,9]cm	(9,11]cm	(11,13]cm	(13,15]cm
株数						

四、群落垂直剖面图及水平投影图绘制

1.群落垂直剖面图绘制

在群落代表性地段设置一条10～15 m长样线，调查样线两侧2 m内物种、树种高度、胸径、枝下高、冠幅等，记录于表格中(表4-13)，按表格所示距离确定每一株树的位置，根据树高、树冠纵剖面的形状实地勾绘于坐标纸上，按比例绘制成垂直剖面图(图4-7)。

图4-7　植物群落垂直剖面示意图(林鹏，1990)

表 4-13　植物群落结构剖面图绘制记录表

<table>
<tr><td colspan="3">样线号：</td><td colspan="4">群落类型：</td><td colspan="2">样线长度：</td></tr>
<tr><td colspan="4">调查人员：</td><td colspan="3">记录人员：</td><td colspan="2">调查日期：</td></tr>
<tr><td rowspan="2">序号</td><td rowspan="2">物种</td><td rowspan="2">高度/m</td><td rowspan="2">胸径/cm</td><td rowspan="2">枝下高/m</td><td colspan="2">冠幅/m</td><td rowspan="2">距起点/m</td><td rowspan="2">生活型</td></tr>
<tr><td>上下</td><td>左右</td></tr>
<tr><td></td><td></td><td></td><td></td><td></td><td></td><td></td><td></td><td></td></tr>
<tr><td></td><td></td><td></td><td></td><td></td><td></td><td></td><td></td><td></td></tr>
<tr><td></td><td></td><td></td><td></td><td></td><td></td><td></td><td></td><td></td></tr>
</table>

2. 乔木冠层水平投影图绘制

在群落代表性地段设置 10 m×10 m 样方，按树木距样方两垂直边（如 A、B 边）的距离确定每一株树在样方内的位置，将树木的位置标于坐标纸上，调查树种、胸径、高度、冠幅记录于表格中（表 4-13），根据树冠的形状实地勾绘于坐标纸上，绘制成水平投影图（图 4-8）。

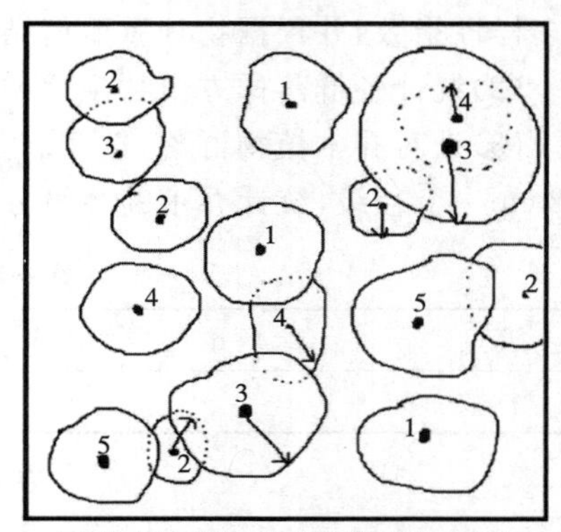

（虚线表示重合，箭头指植株树冠，不同数字表示不同树种）

图 4-8　植物群落树冠水平投影示意图

【注意事项】

进行植物群落调查时，应同时注意观察各群落所处的环境条件，如土壤类型、土壤厚度、岩石裸露率等，以便分析环境对群落结构的影响。

【结果分析】

1. 根据调查和统计结果，分析各植物群落结构特征的差异。
2. 根据各植物群落结构特征，结合各植物群落的生境特点，分析植物群落结构的影响因子。

【思考练习】

1. 人工林与自然林的群落结构有何差异？
2. 用来描述植物群落结构的参数有哪些？
3. 植物群落的外貌如何描述？

实验七　植物群落的演替分析

【实验目的】

1. 了解森林群落演替的规律。
2. 掌握森林群落演替的分层频度调查研究方法。

【实验原理】

植物群落演替指在一定地段上，一个植物群落取代另一植物群落的过程。植物群落由不同物种组成，其主要功能和结构由组成群落的优势种所决定，因此，植物群落的演替实质上是群落中优势物种更替的过程，即一个优势种被另一优势植物所取代的过程。

植物群落的演替是一个长期过程，植物群落演替的分析方法主要有3种：

1. 长期观测或历史学方法

植物群落演替的长期观测分析主要采用固定样地进行长期监测分析，或通过历史文献分析、孢粉分析、沉积物年代分析等历史资料分析，结合历史气象素材，探索植物群落长期演替过程。

2. 空间代时间分析

即在一定气候区域或特定土壤类型区域，对处于不同演替阶段的各类植物群落，结合其生境特点，采用物种关联性等分析，以探索各类植物群落在演替过程中的相互关系和影响因素。

3. 实验群落法或分层频度调查法

该方法主要是根据森林群落中各树种在各层中的频度分布和数量等特征，结合群落生境特征，可进行森林群落近期演替趋势分析。

该方法将森林群落进行分层：

(1)主林层　森林群落优势种的林冠层，即林冠顶端至林冠下沿。

(2)演替层　距地面1 m至林冠下沿。

(3)更新层　地面至距地面1 m。

一般地，凡在更新层和演替层中频度较高且生长良好，而在主林层中频度很低甚至没有的树种，为群落的进展种，它们将成为乔木层的优势种；在主林层中频度很高，而演替层、更新层频度很小或没有出现且生长衰弱的树种为群落的衰退种，将被其他树种代替而从群落中消失；凡在各层中具有正常的频度曲线，即在各层中出现的频度大小为更新层＞演替层＞主林层的树种，即为群落的巩固种，在未来一段时期内将继续正常生活在该群落内；在各层中频度均很小，或只在某一层中有所发现，株数较少的树种为群落的随遇种。

因前两种研究方法所涉时间期限较长，本实验以分层频度调查法研究现有森林群落的演替趋势。

【实验材料】

GPS、罗盘仪、皮尺(50 m/100 m)、卷尺、围尺、测绳、小样方框(1 m×1 m)、测杆、标本夹、标签(挂牌)、记录板、坐标纸、铅笔、橡皮、小刀等。

【方法步骤】

1.群落样方调查

在森林群落内选择具代表性的群落地段,布设 30 个 2 m×2 m 的小样方,在每个小样方中按高度分层标准,逐一调查各乔木树种是否出现,是否有生长不良和死亡植株出现。不管株数多少,凡在该小样方中出现即在表 4-14 中标记,生长良好记"↑",生长不良记"→",死亡记"↓",未出现该树种时不做任何记号。注意该树种是否在该层出现,是指乔木的树梢是否处在该层的高度范围中。

表 4-14 群落演替的分层频度调查表

树种	小样方 1			小样方 2			…	出现频次总计/次		
	主林层	演替层	更新层	主林层	演替层	更新层		主林层	演替层	更新层
A										
B										
C										
⋮										

2.分层频度统计

计算各树种在各层中出现的频度,填入表 4-15,其中分层频度计算公式为:

$$f_i = \frac{M_i}{N} \times 100\%$$

式中:f_i 为 i 树种在某层中的频度(%),M_i 为 i 树种在某层中出现的次数,N 为小样方总数(即 30)。

表 4-15 森林群落物种分层频度统计表

层次	各树种分层频度/%					
	A	B	C	D	E	…
主林层						
演替层						
更新层						

3.演替趋势判断

根据统计结果,凡在演替层和更新层中出现频度较高、重要值较大的,但在主林层中频度很低甚至没有,而其生物生态学特征与该地的气候环境及立地条件相适应的树种归于进展种,即为未来植物群落的主要优势种,标志着植物群落的演替趋势。

【注意事项】

1. 植物群落的演替分层频度调查仅考虑乔木种类，不调查样方内的灌木和草本。
2. 主林层调查时的“林冠下沿”以优势种的平均枝下高为准。

【结果分析】

根据调查和统计结果，结合调查群落的生境特点，分析该群落的演替趋势及其影响因子。

【思考练习】

1. 根据所在地的实际情况，对不同森林群落进行分层频度调查，分析不同森林群落的演替类型、群落的稳定性及演替趋势。
2. 根据实验调查，结合所学知识，探讨植物群落演替的主要特征及其生态学意义。

实验八 植物群落的数量分类与排序

【实验目的】

1. 了解植物群落数量分类和排序的基本原理和方法。
2. 通过实验，加深对植物群落分布与环境之间的相互关系的理解。
3. 掌握使用 WinTwins 和 Canoco4.5 进行植物群落数量分类和排序的基本方法和操作。

【实验原理】

植物群落数量分类是将多个不同群落类型的样方，按照群落的属性特征（物种组成及其优势度、群落的环境特征）的相似关系进行分组，使同组之间尽量相似，不同组之间尽量相异。

排序是把不同类型群落样方按照样方内物种组成特征和环境特征的相似程度进行排序，从而分析群落样方与环境之间的相互关系。

植物群落的数量分类与排序能够客观地反映植物群落与环境的关系，特别是对沿着一定环境梯度分布的植物群落，通过数量分类和排序，能够更好地反映环境对植物群落的影响。

1. 植物群落数量分类

植物群落数量分类是以群落组成特征为基础，即物种组成结构及优势度，对群落实体集合按照群落组成特征数据所反映的相似关系进行分组。

植物群落数量分类常用的方法主要包括多元分析和相似系数法，而最常用的方法为双向指示种分析法（two-way indicator species analysis, TWINSPAN），TWINSPAN 首先对数据进行 CA/RA 排序，同时得到样方和种类第一排序轴，分别用于样方分类和种类分类。

2. 植物群落的排序

群落的排序，实质上是将调查的群落样方作为点，在群落组成特征和环境因子等变量为坐标轴的空间，按各样方的相似程度来排序定位。一般地，按照环境变量来排序称为直接排序或直接梯度分析；按照群落的组成特征进行排序则称为间接排序。直接排序常用的排序方法有主成分分析（PCA）、典范对应分析（CCA）等，间接排序方法有 PCA、去趋势对应分析（DCA）等。

植物群落的 TWINSPAN 分类和排序方法的原理及计算过程较为复杂，现多以计算机软件（WinTwins、Canoco4.5 及 R 语言软件包等）进行分析，计算原理和过程本文不一一介绍，具体可参见张金屯编写的《数量生态学》一书。

【实验材料】

群落调查工具：GPS、罗盘仪、皮尺（50 m/100 m）、卷尺、围尺、测绳、小样方框（1 m×1 m）、测杆、标本夹、标签（挂牌）、记录板、坐标纸、铅笔、橡皮、小刀等。

采样工具：环刀、封口袋、土壤筛等。

分析工作：pH 分析仪、分析天平、定氮仪。

统计分析软件：Microsoft Excel、WinTwins、Canoco4.5 或 R 语言软件包等。

【方法步骤】

一、植物群落调查

每 4～5 人一组，选择几个不同植物群落（最好按一定的环境梯度，如沿海拔梯度或水分梯度），按植物群落样方调查方法，设置群落调查样方进行植物群落调查。一般至少选择 3～5 种植物群落，共调查 5～10 个以上的群落样方。

二、环境因子调查

在进行植物群落样方调查时，应同时对样方内环境因子进行调查，包括样方地理位置、海拔、坡度、坡向、坡位、土壤厚度、土壤类型等，同时按照五点采样法采集样方内的土壤，带回实验室进行理化性质指标测定（含水量，pH 及有机质、氮、磷、钾含量等）。因植物群落分类及排序涉及的调查工作量较大，若有现成的群落样方数据，含环境参数，可直接用已有数据进行植物群落的分类和排序实验。

三、数据统计和处理

（1）群落物种数据统计　根据群落样方调查结果，统计各样方内物种的密度、盖度、频度及重要值等数量指标，并计算物种多样性指数。

（2）环境数据良好处理　环境数据中坡位、坡向、土壤类型等为属性数据，需要按一定的梯度进行量化。如坡位可从谷底到山脊分为 5 个等级，赋值 1～5；坡向可按每 45°一个区间进行排序后赋值。

四、植物群落数量分类

将各群落样方内的物种去除偶见种和重要值小于 5% 的种后，将各物种重要值按照表 4-16 的格式进行统计，将统计表导入 Canoco4.5 软件 WCanoImp 模块进行数据转换，转换为 WinTwins 可识别的数据格式，用 WinTwins 软件对数据进行 TWINSPAN 聚类分析。

表 4-16　植物样方物种重要值统计表

物种编号	物种	样方 1	样方 2	样方 3	样方 4	样方 5	…
1	A						
2	B						
3	C						
⋮	⋮						

根据 TWINSPAN 聚类分析结果（图 4-9），对群落样方进行分类，如正上方的阿拉伯数字为样方编号，下方的英文大写字母代表样方聚类，右边罗马数字为物种聚类。图下方的大写

字母即为所分的群落。

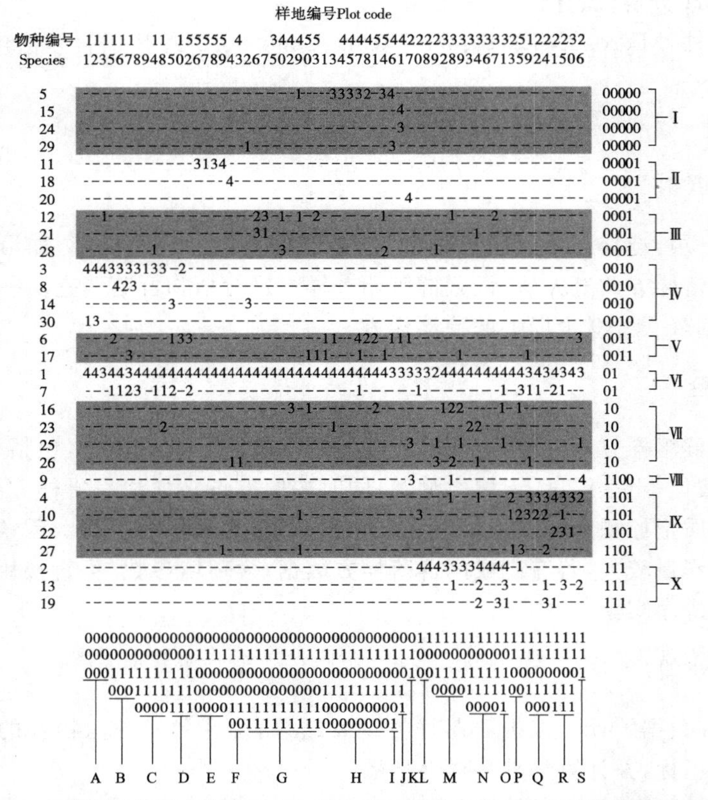

图 4-9　植物群落样方和物种 TWINSPAN 聚类矩阵示意图(吴昊等,2017)

五、植物群落排序分析

(1)将各群落样方内的物种去除偶见种和重要值小于 5%的种后,将各物种重要值按照表 4-17 的格式进行统计。

表 4-17　植物样方物种重要值统计表

样方编号	物种 1	物种 2	物种 3	物种 4	物种 5	物种 6	…
样方 1							
样方 2							
样方 3							
⋮							

(2)将必要的环境因子,如海拔、土壤有机质等,按照表 4-18 的格式进行统计,如环境因子参数之间的数值相差太大,需要将数据进行标准化(如同时取对数等)后再进行分析。

表 4-18　群落样方环境因子

样方编号	因子 1	因子 2	因子 3	因子 4	因子 5	因子 6	…
样方 1							
样方 2							
样方 3							
⋮							

(3)将物种数据和环境数据导入 Canoco4.5 软件 WCanoImp 模块进行数据转换,转化为 Canoco4.5 专用的数据格式备用。

(4)将已转换的物种数据和环境数据导入 Canoco4.5 软件分析模块进行去趋势对应分析(DCA)排序,再根据 DCA 排序结果中 Gradient length 值选择相应的模型进行其他排序分析。

(5)将排序结果在 Canoco4.5 软件 CanoDraw 模块中进行排序图绘制。

【注意事项】

1. 用环境因子对群落进行排序时,选择环境因子的数量应小于样方总数。

2. WinTwins 和 Canoco4.5 软件的使用参照其使用说明进行操作。

3. 有计算机程序语言基础的学生可以尝试使用 R 语言进行之前群落的分类和排序,采用的软件包为"vegan"和"labdsv"。R 语言的使用可以参照赖江山等编译的《数量生态学——R 语言的应用》。

【结果分析】

通过统计分析,将调查的植物群落进行分类排序,并将分类的群落进行命名和特征描述。

【思考练习】

1. 群落的分类和排序有什么联系?

2. 根据群落排序结果,结合环境因素,分析环境因素对群落特征和分布的影响。

实验九　森林群落凋落物的收集与测定

【实验目的】

1. 熟悉森林群落凋落物现存量和凋落量的基本概念和生态学意义。
2. 掌握森林群落凋落物现存量和凋落量的调查和测定方法。

【实验原理】

凋落物是指植物在生长发育过程中主动或被动凋落于地面的叶片、枝条、果实等。森林群落凋落物的收集与测定对研究森林生态系统结构与功能具有重要意义。

森林群落凋落物的调查和测定主要是对森林群落凋落物的量进行调查和测定，凋落物的量主要分为现存量和凋落量。

凋落物现存量指在单位面积上凋落物的总量，一般以干重表示；凋落物凋落量指一定时间内新形成的凋落物的量。

凋落物现存量的调查主要是采用随机样方法进行调查和测定，即在群落代表性地段随机设置若干采样点或样方，收集单位面积（一般为 1 m^2）内所有凋落物，测定其鲜重和干重。

凋落物凋落量的调查主要采用固定样方收集进行测定，即在群落代表性地段设置固定的群落样方，在固定样方内随机放置若干个一定面积的凋落物收集框（网），如图 4-10 所示，定期收集框（网）内的凋落物进行鲜重和干重的测定。

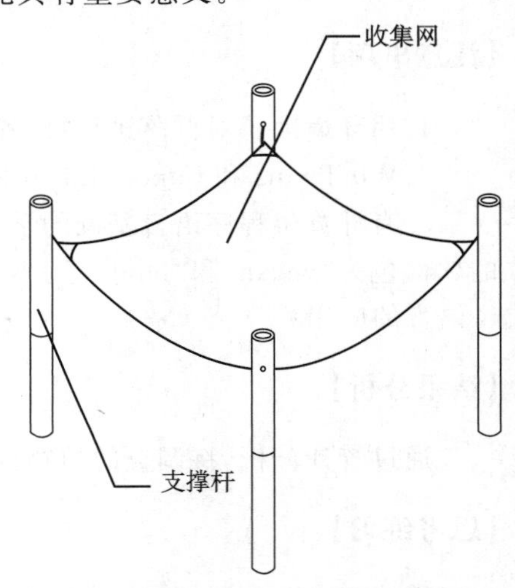

（收集网一般由 40～70 目的聚乙烯网做成，大小为 1 m×1 m）

图 4-10　凋落物收集网示意图

【实验材料】

GPS、皮尺、卷尺、围尺、封口袋、大信封、凋落物收集网等。

【方法步骤】

一、凋落物现存量调查

（1）群落调查样方布设　按照植物群落调查样方法的原则，在群落代表性地段设置群落调查样方，乔木群落 20 m×20 m，灌木群落 10 m×10 m，根据植物群落样方调查方法进行植物群落的调查，每个群落类型设置 3 个以上的重复样方。

(2)调落物收集及测定　在群落样方四角及对角线交点设置5个1 m×1 m的凋落物调查采样小样方，测定每个小样方内凋落物厚度，将小样方内的凋落物全部收集(可按枝、叶、果进行分类收集)，带回实验室称其鲜重后，置于65℃烘箱烘干至恒重，测定凋落物干重，则群落凋落物现存量为：

$$M=\frac{M_0}{A}\times 10^{-2}$$

式中：M 为群落凋落物现存量(t/hm^2)；M_0 为凋落物调查小样方内凋落物干重的平均值(g)；A 为小样方面积(m^2)；10^{-2} 为 g/m^2 转换为 t/hm^2 的转换倍数。

二、凋落物凋落量调查

(1)固定观测样方设置　即按照群落调查采样的原则，在群落的代表性地段设置群落样方，对群落进行样方调查。

(2)凋落物收集框(网)安置　将5～10个带编号的凋落物收集框(网)随机或机械地放置于样方内进行固定，使收集框(网)固定在同一水平(离地面50 cm)。

(3)凋落物收集测定　定期回收收集框(网)内的凋落物，一般每月回收一次，具体周期根据研究需要而定。回收的凋落物按照器官类别进行分类收集，测定鲜重后，于65℃下烘干至恒重，测其干重。

根据逐次测定的数据可以了解到群落凋落物量的季节变化和年凋落量。

【注意事项】

1. 凋落物收集和收集框(网)的放置应避开林窗和人为干扰。

2. 在雨季、大风天气及凋落物凋落量较大的季节应缩短采样间隔，以免凋落物因被风吹出框外或分解而影响数据准确性。

3. 在进行凋落物采样收集时，若小样方内凋落物量较多，可以先称其鲜重后，用四分法分取适量凋落物带回测定干重，计算时按回收量的干鲜比进行测算。

【结果分析】

根据调查结果，测算所调查群落的凋落物现存量和年凋落量。

【思考练习】

1. 凋落物在森林群落中有何作用？

2. 凋落物现存量受哪些环境因素的影响？

3. 针叶林和阔叶林凋落物量有何差异？

实验十　植被生态制图

【实验目的】

1. 了解植物群落的水平和垂直分布规律及其与环境的相互关系。
2. 了解 3S 技术(遥感技术、地理信息系统和全球定位系统)在植被生态制图中的应用。
3. 掌握绘制植被剖面图、植物群落复合体结构图和植被现状图的基本原理和方法。

【实验原理】

植被图通常指植被类型的空间分布图,它是以某一地段各级植被分类单位的空间分布状况,按一定的比例绘制而成的地图。植被图可以直观地反映区域内各植物群落分布面积及分布格局。

植被生态制图主要有植物群落序列剖面图、植物群落复合体结构图、植被现状图。植物群落序列剖面图主要反映植物群落在环境梯度上的变化和植物群落类型在空间上的变化规律;植物群落复合体结构图是针对结构复杂的植物群落地段,采用关键地段平面图来表示其群落的组成及空间位置;在植物群落复合体结构图的基础上,将预定区域内主要植被类型的特点和分布情况,采用适当的比例尺作出的平面图,即为植被现状图。

【实验材料】

GPS、皮尺、标杆、卷尺、坐标纸、绘图板、铅笔、橡皮及相应地区的地形图等。

【方法步骤】

选择要制图的区域,准备好相应的地形图。

一、植物群落序列剖面图

植物群落序列剖面图是在地形剖面线上,根据群落的主要优势种或建群种的变化确定群落边界,在地形剖面图上勾出群落的边界后,将群落按一定的图形样式标在地形剖面线上。

(1)地形剖面线的绘制　根据研究的目的和地形特征,在地形图上标定出地形剖面基线(群落样线),将地形剖面基线与等高线相交点按顺序进行编号(图 4-11)。

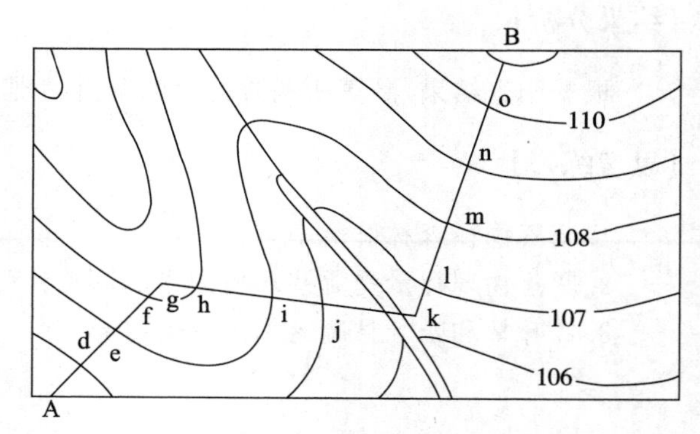

图 4-11　地形剖面基线(A—B)及其与等高线交点(d—o)

(2)剖面线地形剖面图绘制　在坐标纸(方格纸)上,以合理的剖面图的水平和垂直比例(一般垂直比例尺比水平比例尺大 5～10 倍),根据剖面基线的实际水平距离,确定水平线(图

4-12，A—B)；然后将剖面基线与等高线相交的个点，按水平比例尺转到水平线上，以各点的高程，按照规定的垂直比例尺逐一作垂线，确定各点的相对高度，最后用平滑的曲线连接各点垂线的端点，即得到地形剖面图的剖面线(图 4-12)，并在图上标明水平、垂直比例尺。

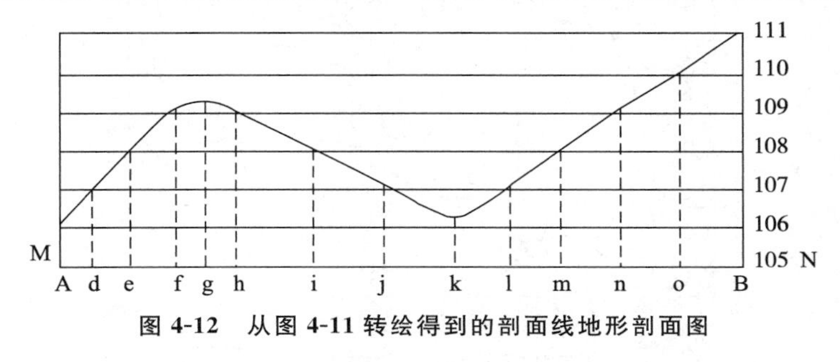

图 4-12　从图 4-11 转绘得到的剖面线地形剖面图

(3)植物群落剖面调查　沿地形图上确定的剖面基线，对剖面基线经过的群落及其环境条件进行调查记载和描述(表 4-19)，并用皮尺或测绳测定剖面基线通过不同植物群落的直线距离。

表 4-19　植被剖面图群落类型调查表

群落编号	坡度/(°)	群落名称	群落简要特征	环境特征	基线穿过距离/m

(4)植物群落序列剖面图　根据剖面基线(图 4-11，A—B)所经过的群落优势种的变化，确定群落的边界，以剖面基线通过群落的直线距离为基准，按水平比例尺将群落边界标于地形剖面线上，并对剖面线经过的群落及其生境进行记载和描述，即得到植物群落序列剖面图或植被剖面图(图 4-13)。

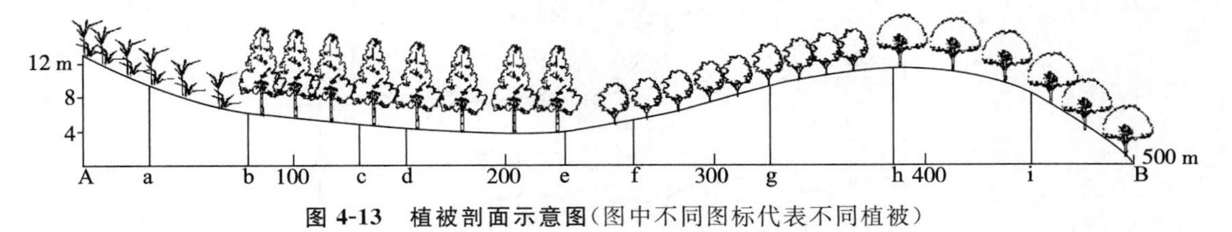

图 4-13　植被剖面示意图(图中不同图标代表不同植被)

二、植物群落复合体结构图绘制

植物群落复合体结构图的绘制通常是在大比例尺地形图上标出一系列相互垂直的剖面基线，转绘为剖面线的地形剖面后，测出每条剖面线上每个群落片段的长度，再转换为水平距离转绘到平面图上，即得出植物群落复合体结构图(图 4-14)，主要步骤为：

(1)在大比例尺地形图上标出一系列相互垂直的剖面基线，相邻剖面基线间的距离为 200～500 m，将剖面基线转绘至坐标纸上。

(2)用测绳测量每条剖面基线经过的群落片段长度，并记录基线两侧群落改变的距离。

(3)将各剖面基线上不同群落片段长度，按照水平比例尺转换为水平距离绘制到平面图上，在图中标出群落编号和方向，即得出植物群落复合体结构图。

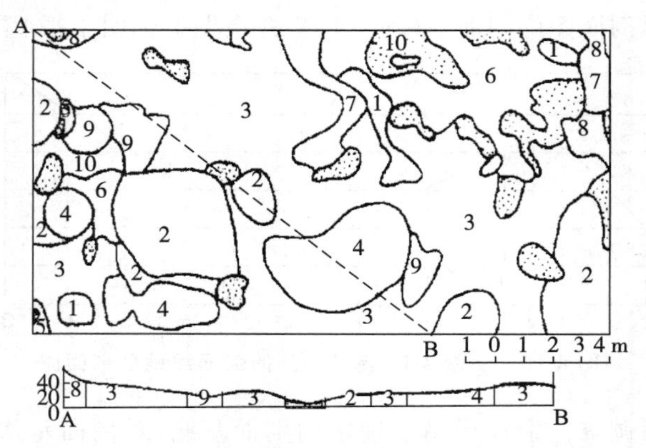

图 4-14　植物群落复合体结构图及剖面图

三、植被现状图绘制

植被现状图的绘制，先要对制图区域进行全面的了解，包括该区域基本概况、植被基本类型及其分布规律等，在此基础上，在地形图上设计若干的剖面基线，按植被剖面图的方法进行植被调查；根据典型地形特征(如山脊、悬崖等)，采用目测的方式勾绘群落类型的边界，用不同的图案或符号标出不同群落类型或植被类型(图 4-15)，主要步骤如下：

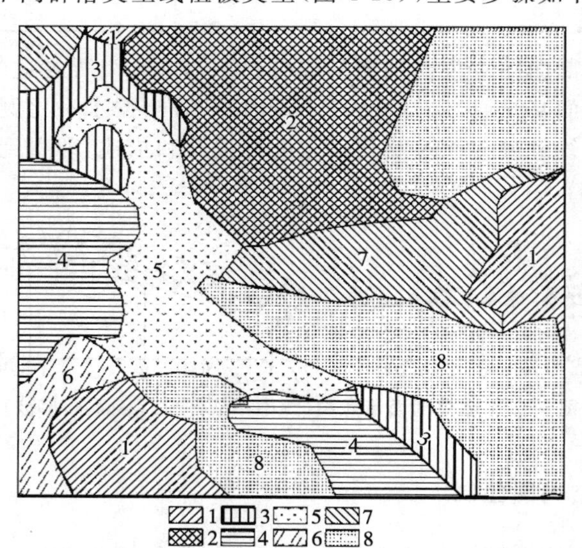

图 4-15　植被现状图(不同数字表示不同植被类型)

(1)确定剖面基线　在了解绘图区基本概况、植被基本类型及分布状况的基础上，在地形图上确定剖面基线，一般剖面基线的距离为 100～200 m。

(2)剖面基线植被调查　在每条剖面基线上按一定距离设立标记，按照植被剖面图植被调查的方法，逐段进行植被调查，并根据设立的标记及典型的地形地物特征目测勾绘群落边界。

(3)标出植被类型 根据勾绘的结果,用不同符号(图案)标出不同群落类型,或按群落类型划分不同植被类型进行标记。

【注意事项】

本实验主要介绍传统的植被制图方法,该方法比较复杂和烦琐,现多采用3S技术(多以遥感技术和地理信息系统相结合为主)进行植被制图,但用3S技术进行植被制图要求具有3S技术基础。

【结果分析】

根据植被现状图,计算不同植被类型的面积,分析其分布特征。

【思考练习】

1. 了解3S技术在植被生态制图中的应用及其相关技术方法。
2. 通过植被剖面图的绘制,说明各群落类型的主要特点及其分布规律。

第五章　生态系统生态学

实验一　生物量的测定

【实验目的】

1. 认识生物量及其在生态系统研究中的重要性。
2. 掌握植被(乔木层)生物量的测定方法与原理。

【实验原理】

生物量指任一时间某地方某一种群、营养级或某一生态系统有机物质的总重量。它包括可以收获的或因条件不够不能收获的所有有机物质。生物量一般用干重(kg/hm^2、g/m^2)或能量(kJ/m^2)表示。植物生物量仅指植物体总重量。进行不同群落或林分的生物量比较时,必须考虑林分起源、年龄、密度和经营历史等特征,虽然如树种、林种、年龄和立地条件相同,但造林密度和经营方式不同,所测得的生物量也会有很大差异。

测定植被生物量通常采用收获法,即将所测定的植被全部收获之后,通过采集部分样品测定含水率以估算野外所收获植被的干物质量,该方法对草地和灌丛群落以及森林的灌草层的生物量测定是可行的,但对于测定植被乔木层生物量,由于其破坏性和工作量大而难以操作,实践中可采用平均标准木法和径级标准木法来测定植被乔木层生物量。

(1)平均标准木法　在所选样方内,根据立木的径级或高度分布选择并收获一定数量的平均木,测定平均各部分器官的干物质重,然后用单位面积上的立木株数乘以平均木的总干重或各部分器官的干重,然后对各部分求和,便可得单位面积上乔木层的生物量。此方法比较适合于立木大小一致、分布均匀的同龄人工林,而对异龄林生物量估算的效果要差一些。

(2)径级标准木法　根据划分的不同径级选择标准木,对每一株标准木的各器官分别测定其干物质量,并建立与胸径、树高的回归方程。回归方程建立后,结合样方内每木检尺的胸径、树高数据,计算出每木各器官的干物质量,进行求和,即可得到该样方此刻的生物量。该方法由于所选标准木比较多,所以比平均标准木法更加精确,并且与原始的收获法相比,其劳动强度大大减少,是收获法中最适宜的。

【实验材料】

测绳、测高器、测杆、皮尺、卷尺、剪刀、烘箱、台秤、袋子等。

【方法步骤】

一、标准地的设立

测定森林生物量时，标准地的设立极为重要，首先要设立在能代表当地森林类型，而且林相相同、地形变化尽可能一致的地段。标准地通常是正方形或长方形，其一边长度至少要比该森林最高树木的树高长一些。一般情况下可取 20 m×20 m 或 30 m×30 m 的面积（也可因森林群落类型不同而改变），并在四周边界做好标记。记录森林的层次结构、乔木层郁闭度、灌木层盖度、草本层盖度以及林下植物的种类及状况等。

二、每木检尺

对样地内全部树木进行编号，逐一调查其种类、胸径、树高等指标。

三、平均标准木或径级标准木确定和收获

根据样地每木检尺调查结果，选择树高、胸径的值在平均值附近的 3 株正常立木（没有发生干折或分叉的健康树木）作为平均标准木，或者根据不同径级立木所占比例来确定不同径级的立木株数，分别确定径级标准木。

将被选的标准木伐倒后，每隔 1 m 或 2 m 锯开（但第一段为 1.3 m），若树木较高时，区分段可增加至 4 m，甚至 8 m，分别测定各区分段的树干、树枝、树皮、树叶的鲜重，并取其各部分的部分样品，装入袋中带回室内，在 80℃烘干至恒重后称重。计算样品的含水量，并在野外测定鲜重值的基础上将其换算成干重。对不能用秤来称量的大树树干的重量，则可测出每区分段两头截断面积和长度，把两个断面积的平均值乘以长度，计算出体积，再换算成重量。

地下部即根的重量测定是非常费力而费时的工作，在标准木株数较多时，可适当酌减。但对必须进行根测定的标准木，需将根全部挖出。根据树的大小来估计所需挖根面积和土壤深度，标准木伐倒后，一般再围绕树的基部挖 1 m^2 面积、0.5 m 深范围内的根系（挖坑深度取决于根的分布深度），分别将根茎、粗根（2 cm 以上）、中根（1～2 cm）、小根（0.2～1 cm）、细根（0.2 cm 以下）挖出，并称其鲜重，分别取各部分样品带回室内，烘干后求出含水量，再估算总的根干重。在称鲜重时应尽量将根上附着的泥沙去掉，对于细根则可放入筛内用水冲洗，然后用纸或布把附着的水吸干后晾一晾再称重。

测定森林植被总生物量时，不可忽略林下植被层生物量，即林下灌木层、草本层的生物量，植被总生物量应是乔木、灌木、草本植物三者总和。

四、结果计算

1. 平均标准木法

用平均标准木的平均值乘以该林分单位面积上的立木株数，求出单位面积上的乔木生物量，即：

$$B=(N\times \Delta W)/A$$

式中：B 为单位面积乔木生物量（kg/m^2）；N 为被测样地的立木株数（株）；ΔW 为伐倒木重量平均值（kg）；A 为被测样地面积（m^2）。

也可以对伐倒木的生物量 W 和胸高面积 s 求和，以及样地面积 A 内所有检测木的胸高面积 S 求和，然后用下式计算乔木生物量 B，即：

$$B = \frac{\sum W}{A} \times \frac{\sum S}{\sum s}$$

式中：S 与 s 的单位需保持一致，最后换算成每公顷的乔木总重量，单位为 kg/hm^2 或 t/hm^2。

计算结果要给出平均值、标准差和样本数。

2. 径级标准木法

在径级标准木的测定基础上，用胸高直径或胸高直径和树高作自变量，求出立木各部位生物量的回归模型。回归模型通常形式如下，以后者使用较为普遍：

$$W = a \times D^b$$

或

$$W = a \times (D^2 \times H)^b$$

式中：W 为标准木各部位的重量（也可以整个标准木的重量作为因变量，kg）；D 为胸高直径（m）；H 为立木高度（m）；a 为系数（$kg \cdot m^3$）；b 为常数项。

利用以上公式求出每木干重 W(kg)，求和以后再除以样地面积 A(m^2)，便可得出单位面积总量即乔木生物量的估算值 B(kg)，即：

$$B = (\sum W)/A$$

【注意事项】

1. 设置标准样地时，应尽量选择森林植被相对均质的区域，避免选择在地形变化剧烈的区域，且样地最好有重复。
2. 样地大小与数目应根据森林植被情况而定。
3. 选择标准木时不要选用林缘树木。

【结果分析】

1. 样地调查基本情况。

被测林分样地基本情况：				
编号	树种	胸径/cm	树高/m	备注
1				
2				
3				
⋮				

2. 植被乔木层生物量(平均标准木法/径级标准木法)。

被测林分样地的基本情况：							
样木	树种	叶重量	枝重量	干重量	皮重量	单株生物量	备注
1							
2							
3							
⋮							
平均值							
样地树木株数							
合计							

【思考练习】

如何测定某一区域马尾松中龄林的乔木层生物量?

实验二　初级生产力的测定

【实验目的】

1. 了解黑白瓶法实验设计。
2. 掌握测定水体初级生产力的原理和操作过程。
3. 掌握估算水体初级生产力的方法。

【实验原理】

生产力指单位时间单位面积的生产量即生产速率。像生产量一样，生产力同样可分为总初级生产力和净初级生产力以及总二级或三级生产力和净二级或三级生产力等。黑白瓶法(图 5-1)是测定水生生态系统初级生产力的常用方法之一。取 3 个玻璃瓶，1 个瓶为黑瓶(DB)，用黑胶布包裹，再包以铝箔；另外 2 个瓶分别为白瓶(LB)和对照瓶(IB)。用 3 个瓶从待测的水体深度取水，保留对照瓶(IB)，测定其实验前水中溶解量。然后将黑、白瓶再沉入取水样深度，经过 24 h 时取出，测定其水中溶氧量。根据 3 个瓶中溶解氧的测定值，可分别计算得出：

总光合量＝白瓶(LB)－黑瓶(DB)

呼吸量＝对照瓶(IB)－黑瓶(DB)

净光合量＝白瓶(LB)－对照瓶(IB)

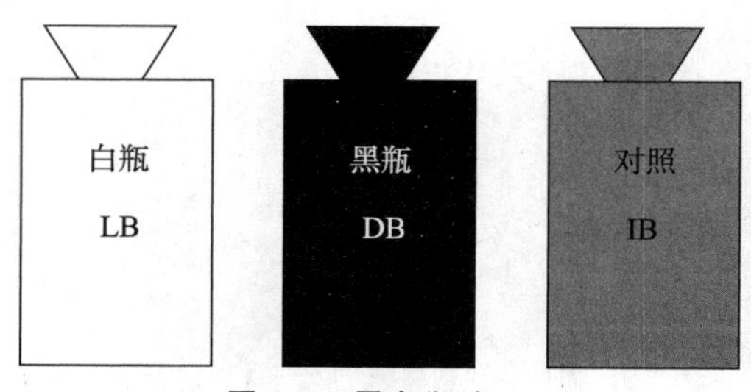

图 5-1　黑白瓶法

其原理为黑瓶是完全不透光的玻璃瓶，瓶内的植物在无光条件下，只进行呼吸作用，瓶内氧气将会逐渐减少；白瓶是完全透明的玻璃瓶，在光照条件下，瓶内植物进行光合作用和呼吸作用，但以光合作用为主，瓶内溶解氧会明显增加。假定光照条件下与黑暗条件下，生物的呼吸强度相等，可根据黑白瓶中溶解氧的变化，计算光合作用和呼吸作用的强度，并可间接计算有机物质的生成量。

【实验材料】

黑白瓶装置、深水测温仪、照度计、透明度盘、采水瓶(5 L)以及碘量法测溶解氧的仪器药

品[包括溶解氧瓶(250 mL,具磨口塞)、250 mL 碘量瓶、三角瓶、滴定管、1 mL 移液管等仪器和浓硫酸、硫酸锰溶液、0.01 mol/L 硫代硫酸钠溶液、碱性碘化钾溶液、淀粉溶液等药品]。

【方法步骤】

1.黑白瓶装置准备

每组 5 个 150～200 mL 的无色透明的试剂瓶,其中 1 个为对照瓶(IB),2 个为黑瓶(DB),2 个白瓶(LB)。黑瓶是将试剂瓶用黑胶布包裹,再包以铝箔,完全不透光。

2.挂瓶

一般从水面到水底每隔 1～2 m 挂一组瓶。为了测定光合作用指标,可在透明度的一半深度处挂一组瓶。例如,透明度在 1 m 左右,应在 0.5 m、1.0 m、2.0 m、3.0 m 处采水挂瓶。将采水瓶从待测的水体深度取水,保留对照瓶(IB),测定实验前水体溶解氧,黑瓶(DB)和白瓶(LB)挂在特定水深处,悬挂 24 h 后,分别测定黑瓶和白瓶中的溶解氧。

3.水中溶解氧的固定

曝光结束后,取出黑、白瓶立即加入硫酸锰和碱性碘化钾进行溶解氧固定,摇匀后放在黑暗处,带回实验室分析。若遇到光合作用很强,形成过饱和氧很多,在瓶中产生大的氧气泡不能放掉,可将瓶略微倾斜,小心打开瓶塞加入固定液,再盖上瓶盖充分摇匀,使氧气充分固定下来。

4.水中溶解氧的测定

采用碘量法测定,在水样中加入硫酸锰及碱性碘化钾溶液,生成氢氧化锰沉淀。此时氢氧化锰性质极不稳定,迅速与水中溶解氧化合生成锰酸锰。每个样瓶至少滴定两次,两次滴定用量误差不超过 0.05 mL(0.01 mol/L 的 $Na_2S_2O_3$)。

5.生产量计算

将每瓶溶解氧换算为 mg/L。用下列公式计算生产量:

$$R = \mathrm{IB} - \mathrm{DB}$$

$$P_G = \mathrm{LB} - \mathrm{DB}$$

$$P_N = \mathrm{LB} - \mathrm{IB}$$

式中:R 为呼吸量,P_G为日总生产量,P_N为日净生产量,IB 为对照溶氧量,LB 为白瓶溶氧量,DB 为黑瓶溶氧量;计算单位为 $mgO_2/(L \cdot d)$。

【注意事项】

1.测定工作最好在晴天进行。

2.此方法常常因忽略细菌对氧的消耗而低估了植物的生产量。

3.该方法未考虑底栖群落的代谢作用。

4.至少有 3 组重复。

【结果分析】

初级生产力测定。

组数	溶氧量			呼吸量	总生产量	净生产量	备注
	对照瓶	白瓶	黑瓶				
组一							
组二							
组三							

【思考练习】

1. 思考黑白瓶法在测定初级生产力中的应用。
2. 试设计用其他方法测定初级生产力。

实验三　次级生产量的测定

【实验目的】

1. 了解次级生产量概念与实验原理。
2. 掌握次级生产量的测定方法。

【实验原理】

次级生产力是除生产者外的其他有机体的生产，即消费者和分解者利用初级生产量进行同化作用转化形成自身的物质和能量的能力，表现为动物和其他异养生物生长、繁殖和营养物质的贮存。在被同化的能量中，有一部分用于动物的呼吸代谢和生命的维持，这一部分能量最终将以热的形式消散掉，剩下的那部分才能用于动物的生长和繁殖，这就是次级生产量。次级生产量均以同化过程为表现形式，并涵盖各营养层次的异养生物的消费、转化和利用过程与速率。次级生产量没有毛生产量与净生产量之分，但实际上表示净次级生产量。异养生物直接利用初级生产品而形成的生产量称第二级生产量，直接利用二级生产品而形成的生产量称第三级生产量，第四级、第五级生产量直到终级生产量。所以，次级生产量是第二、第三、第四各级生产量的总称。许多动物由于同时摄取不同的食物，故实际中很难确定其属于哪一级次级生产者和哪一级次级生产量。

测定次级生产量可通过同化量和呼吸量来估计，即次级生产量＝同化量－呼吸量，而同化量可通过摄食量和排泄量估计，即同化量＝摄食量－排泄量。

【实验材料】

草料、水、小兔、密封箱子、天平、热量计、呼吸仪、氧气浓度检测仪等。

【方法步骤】

(1)实验前用氧气浓度检测仪测定箱子中氧气浓度。

(2)每天根据小兔食量定时喂食，记录喂食量，摄食量的热量用热量计测定，同时测定小兔排泄量。

(3)用呼吸仪测定小兔耗氧量或二氧化碳排放量，转为热能，即呼吸热量。

【注意事项】

1. 若箱子中氧气不足时，应及时补充氧气。
2. 试验小兔处于健康状态。

【结果分析】

小兔的次级生产量统计。

小兔基本情况：							
日期	喂食量	剩余量	排泄量	呼吸量	同化量	生产量	备注

【思考练习】

为什么动物次级生产量比初级生产量少？

实验四　生态系统营养结构观测

【实验目的】

1. 了解生态系统营养结构。
2. 掌握食物链、食物网和营养级概念。

【实验原理】

生态系统由非生物成分(生态环境)和生物成分(生产者、消费者、分解者)组成。在生态系统中，通过食性关系建立起来的各种生物之间的能量和营养物质关系即生态系统营养结构，包括食物链和食物网，其中，在生态系统的各种生物之间，通过取食和被取食关系，不断传递着生产者所固定的能量，这种单方向的营养关系就叫食物链(图 5-2)。如，草→兔→狐狸→老虎。食物链又分为捕食链和腐食链，其中，捕食链是指以活的动植物为起点的食物链；腐食链是以死亡生物或现成有机物为起点的食物链。生态系统中许多食物链彼此相互交错连接而形成的复杂的营养关系即食物网(图 5-3)。

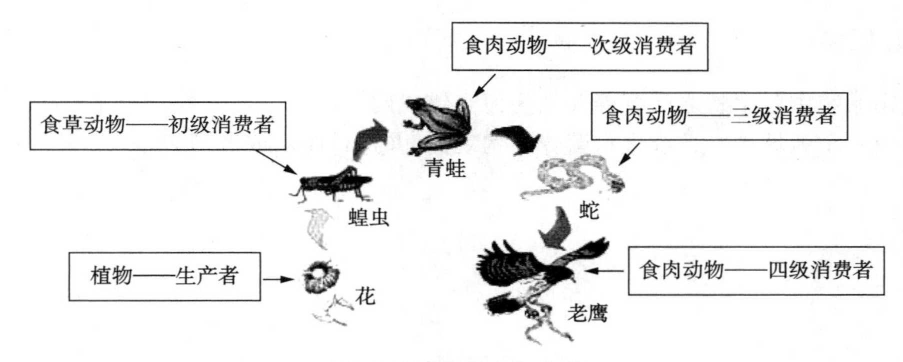

图 5-2　食物链与营养级

在生态系统营养结构中，生产者为第一营养级，一级消费者为第二营养级，较低营养级是较高营养级的营养和能量的提供者，但由于较低营养级的能量仅有 10%能被较高一个营养级所利用，因此，在数量上较低营养级就大大多于较高一个营养级，由低而高，逐级减少，形成生物数目、生物量以及生产率的梯度。

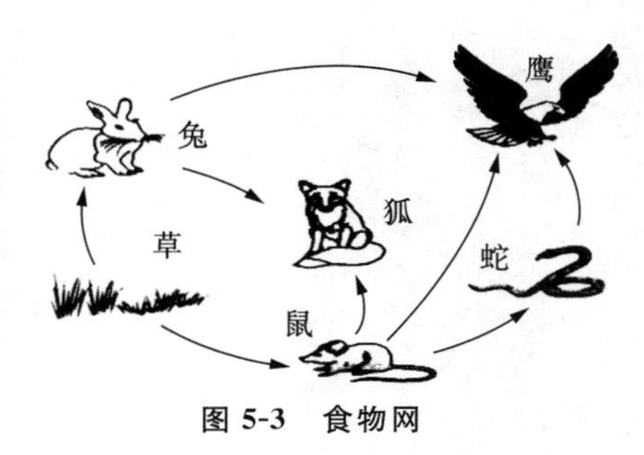

图 5-3　食物网

【实验材料】

一个天然的水塘，有水草、昆虫、浮游动物、鱼、青蛙、蛇等两种或多种生物。

【方法步骤】

(1)在这个天然的水塘生态系统中,水草是生产者,昆虫、浮游动物、鱼是植食性动物,青蛙、蛇是肉食性动物。

(2)昆虫、浮游动物、鱼都可以以水草为食物,可以构成不同的简单食物链,青蛙以昆虫为食,蛇以青蛙为食,该食物链得以延长。这个食物链中,水草为生产者,即第一营养级;昆虫为初级消费者,即第二营养级;青蛙为次级消费者,即第三营养级;蛇为第三消费者,即第四营养级;形成不同营养级的食物链。

(3)在以上食物链中,青蛙和鱼也可以以浮游动物为食,而鱼既可以捕食浮游动物,也可以食草,从而形成了相对复杂的营养关系,即食物网。

【注意事项】

除本实验外,还应善于观测周边发生的食物链或者食物网现象。

【结果分析】

1.食物链与食物网的区别。

2.营养级的划分。

3.针对食物链与食物网,分别举一个例子。

【思考练习】

1.生态系统中各生物之间营养关系为何交错成网?

2.选定一个池塘生态系统进行营养结构观测,并进行图示或者列表。

实验五　生态金字塔的调查

【实验目的】

1. 熟悉生态金字塔及其类型。
2. 掌握生态金字塔实验原理和设计。

【实验原理】

生态金字塔原理是系统生态学的基本原理之一，它是指各个营养级之间的数量关系，这种数量关系可采用生物量单位、能量单位和个体数量单位，分别构成生物量金字塔、能量金字塔和数量金字塔（表 5-1）。

表 5-1　生态金字塔类型

名称	生物量金字塔	能量金字塔	数量金字塔
形状	生物量（少↑多）；营养级（高↑低）	能量（低↑高）；营养级（高↑低）	数量（少↑多）；营养级（高↑低）
特征	正金字塔形	正金字塔形	一般为正金字塔形，有时为倒金字塔形

1. 生物量金字塔

生物量金字塔是以每个营养级的生物量绘制的金字塔。随着食物链的延长，各营养层的生产力逐级减少。这种类型的金字塔在陆地生态系统中一般是不会倒置的。

2. 能量金字塔

能量金字塔是将单位时间内各个营养级所得到的能量数值由低到高绘制成的金字塔。营养级别越低，占有的能量就越多；反之，营养级别越高，占有的能量就越少；故能量金字塔塔基体积最大，越往上越小。能量金字塔是绝不会倒置的。从能量金字塔可以看出：在生态系统中，营养级越多，在能量流动过程中消耗的能量就越多。

3. 数量金字塔

数量金字塔是以每个营养级的生物个体数量为依据绘制的金字塔。这种类型的金字塔往往出现倒置现象。生物数量金字塔按各级营养层次排列，每一层表示每一营养级生物个体的数目，最下面一层的植食性种类个体数量为最多，其次是初级肉食性动物，再次是次级肉食性动物。营养层次越高的，数量越少，因为在捕食链中，随着营养级的升高，能量越来越少，而动物的体形一般越来越大，故而生物个体数目越来越少。

【实验材料】

某个自然保护区或者某个小流域。

【方法步骤】

(1)选定认识生态金字塔的实验对象——自然保护区或小流域。

(2)收集实验对象的植物、草食动物和肉食动物数据资料,包括种类、数量与分布。

(3)若收集资料不够齐全,还需要野外现场补充调查。

(4)统计分析调查收集的数据资料和野外补充调查的数据资料。

(5)通过对比植物(生产者)、草食动物(初级消费者)和肉食动物(次级消费者)的物种数量,从数量金字塔类型来认识生态金字塔。

【注意事项】

1.若条件具备,可直接采用资料收集法,其目的是通过实例了解生态金字塔概念。

2.选择的地理单位应是相对完整、独立以及具有足够大面积的空间。

3.应充分考虑肉食动物的捕食范围。

【结果分析】

以数量金字塔为例,通过以上调查结果,了解数量金字塔各营养层级的构成与特点。

【思考练习】

1.为什么肉食动物比草食动物需要更大的空间才能获得足够的食物?

2.选择一个森林生态系统进行生态金字塔的调查和描述。

实验六　生态系统能量流动的初步估测

【实验目的】

了解和掌握生态系统能量流动的规律。

【实验原理】

能量是生态系统的动力，是一切生命活动的基础。一切生命活动都伴随着能量的变化，没有能量的转化，也就没有生命和生态系统。生态系统的重要功能之一就是能量流动，能量在生态系统内的传递和转化规律服从热力学的两个定律。

太阳能是所有生命活动的能量来源，它通过绿色植物的光合作用进入生态系统。生态系统能量流动就是能量通过绿色植物进入生态系统后，利用食物链和食物网逐级传递到各级消费者的过程，包括能量输入、能量传递、能量散失(图 5-4)。生态系统能量流动具有如下特点：

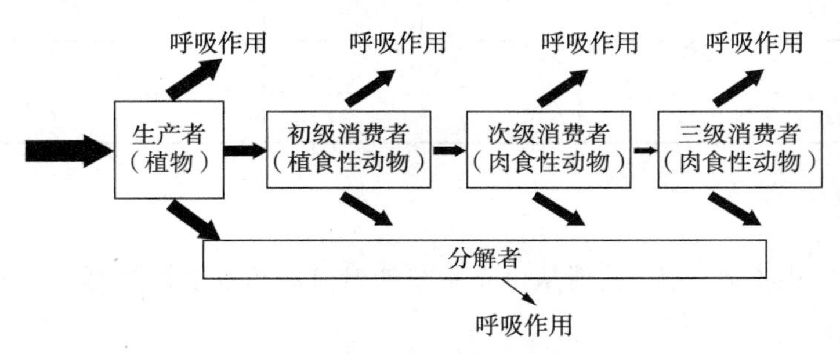

图 5-4　生态系统能量流动图解

(1)单向流动　生态系统的能量流动只能从第一营养级流向第二营养级，再依次流向后面的各个营养级，一般不能逆向流动。这是由生物长期进化所形成的营养结构确定的，如狼捕食羊，但羊不能捕食狼。

(2)逐级递减　生态系统中各部分所固定的能量是逐级递减的，一个营养级的能量不可能百分之百地流入后一个营养级。能量在沿食物网传递的平均效率为 10%～20%，即一个营养级中的能量只有 10%～20%的能量被下一个营养级所利用，故一般食物链都是由 4～5 个环节构成，很少有超过 6 个环节的。

【实验材料】

草料、水、小兔、笼子、烘箱、天平等。

【方法步骤】

(1)将小兔放入笼子之前称其体重。

(2)每天据其食量定时喂食,记录喂食量(A)、剩余量(B)以及排泄量(C)。

(3)经过一段时间后,称小兔体重,计算其体重增长量(D)。

(4)根据能量守恒定律,即摄食量($A-B$)=体重增长量(D)+呼吸损失量(E)+排泄量(C),初步估算小兔呼吸损失量(E)。

【注意事项】

1. 试验小兔处于健康状态。

2. 本实验简单、易于操作,只是为对生态系统能量流动有直观认识和初步了解,实验条件尚不够理想。

【结果分析】

通过分析小兔摄食量、体重增长量、排泄量以及呼吸量及其所占摄食量的比例,可初步分析草—兔食物链的能量流动,进行生态系统能量流动的估测。

小兔基本情况:							
日期	喂食量	剩余量	排泄量	呼吸量	体重增长量	能量分布	备注

【思考练习】

为什么说“一山不容二虎”?请从生态系统能量流动角度加以解释。

实验七　生态系统观察及生态瓶的设计制作

【实验目的】

1. 理解生态系统的稳定性。
2. 掌握生态瓶设计的实验原理和方法步骤。

【实验原理】

生态系统由四大成分组成：

(1)非生物环境　包括参加物质循环的无机元素和化合物，联结生物和非生物成分的有机物，以及气候和其他物理条件。

(2)生产者　能利用简单的无机物制造食物的自养型生物。

(3)消费者　不能利用无机物制造有机物，而是直接或间接依赖于生产者所制造的有机物，属于异养型生物。

(4)分解者　也属于异养型生物，其作用是将生物体中的复杂有机物分解为生产者能重新利用的简单化合物，并释放能量。

一个生态系统是否能在一定的时间内保持自身结构的功能的相对稳定，是衡量这个生态系统稳定性的一个重要方面。生态系统的稳定性与它的物种组成、营养结构和非生物因素等都有着密切的关系。

自然生态系统几乎都属于开放式生态系统，只有人工建立的完全封闭的生态系统才属于封闭式系统，不与外界进行物质的交换，但允许阳光的透入和热能的散失。生态瓶即属于封闭式系统，它是将少量的植物、以这些植物为食的植食性动物以及适量的以腐烂有机质为食的生物(微小动物和微生物)与某些其他非生物物质一起放入一个广口瓶中，密封后形成一个人工模拟的微型生态系统。

由于生态瓶内系统结构简单，对环境变化敏感，系统内各种成分相对量的多少，均会影响系统的稳定性。通过设计并制作生态瓶，观察其中动植物的生存状况和存活时间的长短，就可以初步学会观察生态系统的稳定性，并且进一步理解影响生态系统稳定性的各种因素。

【实验材料】

金鱼藻、眼子菜等绿色植物，小鱼，水丝蚓和水蚤，小虾，田螺，沙子，河水，广口瓶，凡士林等。

【方法步骤】

一、实验材料准备

金鱼藻、鱼虫(鲜活、生命力强)；淤泥要无污染；沙子要洗净；河水清洁，无污染。

二、生态瓶制作

(1)在广口瓶中放入少量淤泥,并加入适量的水,将淤泥平铺在瓶底。

(2)将洗净的沙子放入广口瓶,摊平,厚度约为 1 cm。

(3)将事先准备好的水沿瓶壁缓缓加入,加入量为广口瓶容积的 4/5 左右。

(4)加入适量金鱼藻、眼子菜等绿色植物。若为有根植物,可用长镊子将植物的根插入沙子中。

(5)加入适量鱼虫。水蚤易死亡,加入量要少;水丝蚓必须要加。

(6)加入小鱼、小虾、田螺等动物。

(7)将瓶口用凡士林密封,生态瓶制作完成。

(8)将制作好的生态瓶放到有较强散射光的地方。每天定时观察瓶内情况,认真记录每一点变化。见图 5-5。

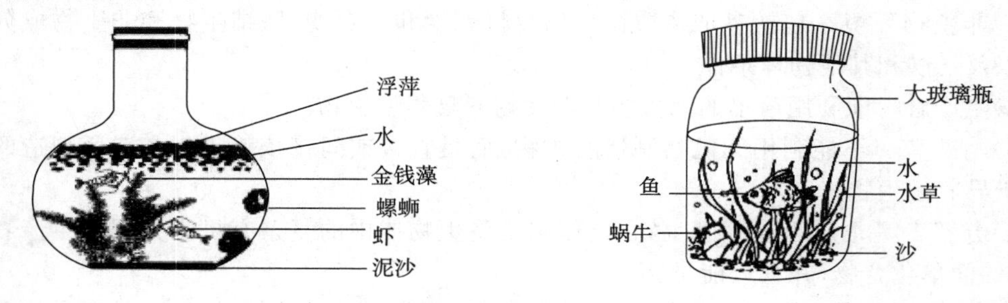

图 5-5　生态瓶设计

【注意事项】

(1)生态系统各部分间的比例要合适,生产者和消费者均不宜太多。

(2)生态瓶内的水不能装满,要有足够的氧气的缓冲库。

(3)加水时不要将淤泥冲出,以免水质变浑。

(4)不能将生态瓶放在阳光能够直接照射的地方,光线不能太强,以免瓶内温度太高,影响生物的存活。

【结果分析】

记录生态瓶内生物变化,并运用生态学原理,分析生态瓶内变化的原因。

生态瓶基本情况:		
观测时间	生态瓶内变化	备注
第一天		
第二天		
第三天		
⋮		

【思考练习】

生态瓶内有哪些生物组分和非生物组分,它是否是一个完整的生态系统?

实验八　景观格局调查分析

【实验目的】

1. 理解景观生态研究的基本方法。
2. 掌握景观格局研究方法及主要指标的计算及分析。

【实验原理】

景观生态学以景观为研究对象，景观是由不同类型、不同形状、不同大小的斑块在空间上镶嵌形成的，它们以基质为背景，直接或间接地通过廊道连接。景观格局是某个时空尺度上斑块的空间分布，是由各种物理、生物和社会因素相互作用的结果。它的分析方法是用来研究景观组成结构和空间配置关系的方法，是景观生态学的基本研究内容，是研究景观功能和动态的基础。目前，景观空间格局分析方法主要应用于土地利用、自然保护、区域规划、国土整治、城市绿地等方面。

【实验材料】

皮尺、卷尺、测距测高仪、照相机、记录板。

【方法步骤】

1. 景观斑块调查

划分校园景观斑块类型，如教学设施斑块、生活设施斑块、绿地斑块、水域斑块、其他斑块等；利用卷尺、皮尺和测量仪器人工测量校园不同景观斑块的周长、长度、宽度、面积等指标，对相关资料进行记录和拍照。

2. 计算景观指数（表 5-2）

表 5-2　景观指数公式与意义

景观指数	公式	意义
景观多样性指数	H	景观要素的多少和各景观要素的比例
斑块形状指数	$D_i = P_i/2$	斑块的周长与等面积的周长之比值
相对丰富度	$R_r = m/m_{max}$	斑块类型的数量
景观优势度指数	$D = H_{max} - H$	景观多样性与最大值之间的偏离程度
景观均匀度指数	$E = (H/H_{max})$	景观各元素的分配均匀程度
斑块平均面积	$C = A_i/n_i$	景观被分割的破碎程度
斑块密度指数	$K = n_i/A_i$	斑块的破碎化程度，值越大破碎化程度越高，干扰程度越大

【结果分析】

1.景观类型数量特征

景观类型	斑块数	斑块总面积	斑块平均面积	斑块最大面积	斑块最小面积

2. 景观形状指数

景观类型	周长/m	面积/m^2	形状指数

3. 景观格局分析

景观类型	R_r	H	D	E

4.景观均匀度指数

景观类型	多样性指数(H)	H_{max}	景观均匀度指数(E)

【思考练习】

选择校园作为调查区,调查不同景观组分并分析其景观格局。

实验九　自然保护区设计

【实验目的】

1. 掌握自然保护区设计的一般理论、方法和步骤。
2. 学会自然保护区设计实践操作。

【实验原理】

根据《中华人民共和国自然保护区条例》，自然保护区是指对有代表性的自然生态系统、珍稀濒危野生动植物物种的天然集中分布区、有特殊意义的自然遗迹等保护对象所在的陆地、陆地水体或者海域，依法划出一定面积予以特殊保护和管理的区域。我国根据保护对象不同将自然保护区划分为自然生态系统类等 3 个类别，进一步细化为森林生态系统类型等 9 种类型(表 5-3)。世界自然保护联盟则根据保护程度将自然保护区划分为 8 种类型(表 5-4)。

表 5-3　中国自然保护区类型划分

类别	类型
自然生态系统类	森林生态系统类型
	草原与草甸生态系统类型
	荒漠生态系统类型
	内陆湿地和水域生态系统类型
	海洋和海岸生态系统类型
野生生物类	野生动物类型
	野生植物类型
自然遗迹类	地质遗迹类型
	古生物遗迹类型

表 5-4　世界自然保护联盟(IUCN)保护区分类系统(1994 年)

类型	名称
类型Ⅰ	严格自然保护区/荒野地保护区
类型$Ⅰ_a$	严格自然保护区
类型$Ⅰ_b$	荒野地保护区
类型Ⅱ	国家公园
类型Ⅲ	自然纪念物保护区
类型Ⅳ	生境和物种管理保护区
类型Ⅴ	陆地和海洋景观保护区
类型Ⅵ	资源管理保护区

自然保护区具有明显边界，是对某些物种进行有意识保护的相对封闭的区域，在某种意义上讲，自然保护区类似于岛屿。Diamond 等根据岛屿生物地理学的种—面积关系和“平衡理论”，提出了自然保护区设计原则：

(1)大保护区比小保护区好。

(2)栖息地是同质的保护区，一般应尽可能少地分成不相连碎片。

(3)对某些特殊生境和生物类群，最好设计几个保护区，且相互间距离越近越好。

(4)几个分割的小保护区排列越紧凑越好，线性排列最差。

(5)自然保护区之间最好用通道相连，以增加迁入率。

(6)只要条件允许，保护区以圆形为最佳，以缩短保护区内物种扩散距离。但在设计和建立保护区时，要更好地深入研究和掌握被保护物种的生物学及生态学特征。

【实验材料】

某个荒漠生态系统类型自然保护区。

【方法步骤】

一、确定自然保护区地点

在设计自然保护区前，首先必须对预选地点进行保护评估，确定其保护值大小。

(1)对拟设计自然保护区实地考察和调查。通过考察和调查，掌握自然保护区自然资源和社会经济状况，特别是对地质地貌、气候、土壤、植被、水文、野生动植物资源及分布、自然环境的保护与利用状况以及社会经济状况等的考察与调查。

(2)对拟设计自然保护区考察资料分析。在考察的基础上，对历史资料和调查资料进行科学、客观的分析，为总体设计和合理规划提供科学依据。

(3)对拟设计自然保护区保护评估。保护评估包括对预选地点确定保护特征、标准和计算保护值。保护标准分经济社会的和自然生态的两类。经济社会标准包括人类活动威胁、可利用性、教育用途、舒适值等。自然生态标准包括多样性、稀有性、代表性、自然性、面积适宜性和生存威胁。

①多样性是反映自然保护区多度和种群丰富度的一个指标。在自然保护区设计时，要考虑生物多样性原则。在设计较小面积的自然保护区时，常用物种多样性指标；较大面积的生态系统自然保护区，常用群落多样性和生境多样性指标，即生态系统多样性。

②稀有性指标是用来度量物种或生境等在自然界现存数量的稀有程度，常包括稀有物种、稀有群落和稀有生境。根据分布范围大小，可分为地方稀有性、国家稀有性和全球稀有性。在自然保护区设计时，既要考虑稀有物种和稀有群落，又要重视生境的稀有性。

③代表性是衡量自然保护区的生物区系、群落结构和生态环境与某一生态地理区域内的整个生物区系、群落结构和生态环境的相似性程度的一个指标。设计地方级自然保护区时，要考虑它是否代表某一生态地理区域的生物或群落或生境特征，而设计国家级自然保护区时，则要考虑它在某一生态地理中的代表性。代表性的内容范围可以很广，即可能侧重在某一方面有代表性，如生物物种代表性、生态系统代表性等。就生态系统类代表性而言，有的代

表森林生态系统，还有的代表草原、草甸、荒漠、湿地、海洋等生态系统。

④自然性是度量自然保护区内保护对象遭受人为干扰程度的一项指标。自然性越高，表示所遭受的人为干扰程度越小，保护价值越高。反之亦然。根据人为影响的大小将自然性分为4个类型：完全自然型、受扰自然型、退化自然型、人工修复型。自然保护区内常设计有核心区、缓冲区和实验区，核心区是保护区最精华的部分，其自然性最好；缓冲区位于核心区周围，自然性次之；实验区一般位于缓冲区的外围，是核心区与缓冲区的保护屏障。

⑤一个自然保护区的重要程度往往随着面积的增加而提高。一般而言，自然保护区面积越大，则保护的生态系统越稳定，生物种群越安全。自然保护区面积的适宜性，主要考虑其面积是否满足维持保护对象所需要的最适面积或最小面积。对某一生物物种类自然保护区来说，即维持最小生存种群所需的面积；对生态系统类保护区来说，则是维持被保护自然生态系统稳定的最小面积。

⑥生存威胁是指自然保护区所面临的人类侵扰压力。生存威胁涉及经济、社会、政治、文化、民族生活习俗、宗教等，还常常表现在生态系统和物种的脆弱性方面。脆弱的生态系统极易遭受破坏，且难以恢复，需要及时保护；脆弱的物种种群生活力弱，繁衍能力差，对环境变化的适应能力低，极易遭受濒危和灭绝威胁。因此，脆弱的生态系统和生物种群具有较高的保护价值。

二、确定自然保护区的类别和级别

(1)自然保护区分类　根据自然保护区的主要保护对象确定自然保护区的类别。

(2)自然保护区分级　根据《中华人民共和国国家标准——自然保护区类型与级别划分原则》(GB/T 14529—93)，我国的自然保护区分为国家级、省(自治区、直辖市)级、市级和县级四级。依据自然保护区重要性、保护意义以及分布范围，确定自然保护区级别。

三、确定自然保护区的模式

依据设计原理的差异，自然保护区大致可分为3类主要模式：

(1)岛屿式自然保护区　该模式一般实行单纯保护和封闭式管理，主要目的是防止物种灭绝和生物多样性消失。

(2)自然保护区网络　该模式从整体上保护濒危物种和生物多样性，不仅需要设计功能合理的自然保护区，且从更大尺度上考虑不同栖息地之间物种的迁移和交换，建立若干具有相同功能保护区形成保护区网络，设立适宜生境廊道等。

(3)生物区域自然保护区网络　该模式是一个具有相当大范围连续成片的生物地理空间，包括若干保持比较完整的生态系统或其片段以及不同人工生态系统区域镶嵌所构成的景观多样性区域。

四、确定拟设计自然保护区面积

一般情况下，保护区面积越大，越能为更多物种提供空间；面积小，支持种数也少。但对于某些物种而言，小保护区比大保护区可能更为适合。估计自然保护区最小面积可分3步：

(1)鉴别目标种或关键种，它们的消失或灭绝会明显降低保护区价值或物种多样性。

(2)确定保证这些物种以较高频率存活的最小种群数量(最小可存活种群)。

(3)用已知的密度估计维持最小种群数量所需的面积大小,该面积即是保护区的最小面积。

五、设计保护区的生物廊道

保护区生物廊道建设,能减少物种灭亡的风险和为物种迁徙提供便利,生物廊道设置的条件包括:

(1)一个自然保护区存在两个或两个以上核心区时。

(2)主要保护野生动物的栖息地、迁徙或洄游路线上建设有铁路、公路、围栏等人工构筑物时。

(3)相邻的自然保护区有必要划建的。

六、确定保护区边界

保护区的边界有3种:

(1)管理边界　是指由有关当局法律规定的边界,把自然保护区与周围环境分开管理,进入保护区,必须遵守保护区法律。

(2)生成边界　是指人们对管理边界的反映引起的栖息地的生物、人为活动和物理的变化而产生的边界。

(3)自然边界　由栖息地的自然变化而形成的边界,通常具有明显的地形地势特征。

七、自然保护区功能分区

自然保护区一般分为核心区、缓冲区和实验区。核心区的功能是保护重点保护对象,且要满足核心区面积与自然保护区总面积的最小比值要求。缓冲区主要缓冲或抑制不良因素对核心区的影响,有以下情况可不划定缓冲区:

①核心区外围是另一个自然保护区的核心区或缓冲区,或者核心区边界有悬崖、峭壁、河流等较好自然隔离地段;②旁边有另一个自然保护区且贴近其缓冲区。实验区作为核心区与缓冲区的屏障,可以按照符合环保与生态要求的产业政策或经济社会发展规划划定空间。

八、拟设计自然保护区评价

主要对拟设计自然保护区的生物多样性、稀有性、代表性、自然性、面积适宜性、生存威胁以及自然保护区的保护价值进行评价。

【注意事项】

1.科学确定自然保护区主要保护对象及其保护价值。

2.慎重划定自然保护区边界及功能分区。

【结果分析】

某自然保护区的设计统计表。

位置	
类型	
主要保护对象	
评估结果	
级别	
保护区模式	
保护区四至边界	
保护区总面积	
核心区面积及比例	
缓冲区面积及比例	
实验区面积及比例	

【思考练习】

试设计一个森林生态系统类自然保护区。

实验十　土地适宜性评价

【实验目的】

1. 掌握土地适宜性评价的概念、方法和步骤。

2. 学会土地适宜性评价报告编写。

【实验原理】

土地是由气候、地形、地貌、土壤、生物和水文等自然要素组成的自然综合体，土地的用途及其质量的高低实际是土地的自然要素综合性特征的具体表现，土地的自然要素和社会要素相互联系、相互制约、相互促进，推动土地利用方式及其生产力的发展和演变。土地的适宜性是指土地对一定的用途是否适宜以及适宜程度高低的特性。土地适宜性评价就是评定土地对于某种用途是否适宜以及适宜的程度，它是进行土地利用决策，科学编制土地利用规划的基本依据。土地适宜性评价的基本原理是在现有的生产力经营水平和特定的土地利用方式条件下，以土地的自然要素和社会经济要素相结合作为鉴定指标，通过考察和综合分析土地对各种用途的适宜程度、质量高低及其限制状况等，从而对土地的用途和质量进行分类定级。

土地适宜性评价是一项技术性、综合性很强的工作，涉及多个学科，评价过程较为复杂。一般而言，土地适宜性评价可分为室内准备及资料收集、适宜性评价、成果整理3个阶段，具体进行土地适宜性评价包括如下步骤：

(1)明确评价目的。

(2)评价准备。

(3)评价对象的选择。

(4)资料的收集。

(5)评价因素的选择。

(6)评价因子极限指标的确定与指标分级。

(7)评价因子图的制作。

(8)评价单元的划分。

(9)评价因素权重的确定。

(10)土地适宜类的确定。

(11)土地适宜性的确定。

(12)土地限制性的确定。

(13)评价结果的核对。

(14)面积量算、平差与统计。

(15)土地适宜性评价的制作。

(16)评价成果的分析与评述。

【实验材料】

某县土地适宜性评价。

【方法步骤】

一、评价系统的拟定

评价系统由农业土地适宜类和适宜性等两方面组成。

(1)土地适宜类分为　①宜耕土地类;②宜园土地类;③宜林土地类;④不宜土地类。

(2)土地适宜等分为　①一等地(高度适宜等);②二等地(一般适宜等);③三等地(勉强适宜等)。

二、评价对象的选择

为了保证评价工作能做到省时省工省费用,且达到质量好、准确度高的要求,通常应进行评价对象的选择,即根据评价的目的,剔除一些不必要参与评价的土地利用现状类型。

三、评价因素的选择及其指标分级

评价因素的选择是土地适宜性评价的关键性步骤。参评因子选择得科学和正确与否,直接关系到评价结果的准确度和评价工作量的大小。因此应对地形、地质、气候、土壤及社会经济条件等评价因素进行分析,进而选择合适的参评因子进行土地适宜性评价。常用方法有经验法、多元线性回归分析法、逐步回归分析法及主成分分析法。可用于参评因子选择的数学方法有通径分析法、灰度分析法、岭回分析法、稳健回归分析法和主成分回归分析法等。

在诸多土地适宜性评价因子中,某些评价因子存在极限指标。当这些因子的变化超过极限指标,土地就会失去某种土地利用价值或根本无法实现持续高效土地利用。主要包括海拔、坡度、有效土层厚度、质地、pH、含盐量和土壤侵蚀强度等。

参评因子等级划分的方法通常有经验法和模糊聚类分析法。各参评因子等级划分的数量无统一规定,主要受评价目的和方法的制约。一般而言,参评因子的等级划分以4～5个为宜。

四、评价因素权重测定

遵循宜耕类优先原则,按照宜耕—宜园—宜林—不宜顺序判断土地利用类型。

五、评价单元土地适宜等的确定

在评价单元土地适宜类确定的基础上,进一步对土地适宜的等级做出评价,即土地适宜等。宜耕、宜园、宜林3个土地适宜类均分为3等,即一等地、二等地和三等地,而不宜土地则不分等。

土地适宜等的评定方法采用加权指数和法,该法是根据不同的评价因素对土地质量的作用或限制强度的不同,给定与该因素作用相对应的权重和评级指数,然后利用各评价单元的各个评价因素资料确定该单元各评价因素的评价指数,以加权指数和求得各评价单元的总分值，根据总分值来确定评价单元的土地适宜等。

六、各适宜性土地面积统计

利用3S技术将矢量转为栅格，利用RS的图像资料，运用GIS软件的空间分析模块进行图像解译，将栅格用计算机计算分析，采用GPS进行定位核实，最后按照上述的划分依据进行土地面积的分类统计汇总。

七、土地适宜性评价图编绘

参照相关行业标准和规范进行土地适宜性评价图的绘制，严格按照要求进行点、线、面文件，图例图示，比例尺，图纸边框尺寸等的校对，最终成图。

【结果分析】

某县土地适宜性面积统计表。

<table>
<tr><th rowspan="2">适宜性</th><th colspan="3">面积</th><th rowspan="2">备注</th></tr>
<tr><th>一等地</th><th>二等地</th><th>三等地</th></tr>
<tr><td>宜耕类土地</td><td></td><td></td><td></td><td></td></tr>
<tr><td>宜园类土地</td><td></td><td></td><td></td><td></td></tr>
<tr><td>宜林类土地</td><td></td><td></td><td></td><td></td></tr>
<tr><td>不适宜土地</td><td colspan="3"></td><td></td></tr>
</table>

【思考练习】

试对某乡镇采煤塌陷区进行土地适宜性评价。

实验十一　生态环境影响评价

【实验目的】

1.掌握生态环境影响评价的基本方法。

2.了解生态环境影响评价流程及影响报告书编写。

【实验原理】

环境质量是指环境对人类社会生存和发展的适宜性。环境质量既指环境的总体质量(综合质量),也指环境要素的质量,如大气环境质量、水环境质量、土壤环境质量和生物环境质量。每一个环境要素可以利用多个环境参数或者因素加以定性或定量的描述。环境质量参数通常用环境介质中的物质的浓度来加以表征。环境影响评价是对拟实施中的重大决策或开发活动可能对环境产生的物理性、化学性或生物性的作用,及其造成的环境变化和对人类健康和福利的可能影响,进行的系统的分析和评估,并提出减免这些影响的对策和措施。环境影响评价是目前开展得最多的环境质量评价之一。

生态环境影响评价的指导思想和原则要求是:

(1)贯彻生态文明建设思想。

(2)贯彻执行相关生态环境保护政策和法律、法规。

(3)遵循生态科学原理。

(4)强调针对性,即针对具体的建设项目、具体的生态环境和具体的影响与特点。

【实验材料】

某个建设项目的生态环境影响评价。

【方法步骤】

生态环境影响评价工作大体分为3个阶段:第一阶段为准备阶段,包括研究有关文件、初步的工程分析和环境现状调查、筛选重点评价项目、确定各单项环境影响评价的工作等级、编制评价大纲;第二阶段为正式工作阶段,其主要工作为详细的工程分析和环境调查,并进行环境影响预测和评价;第三阶段为报告书编制阶段,其主要工作为汇总、分析各种资料和数据,得出结论,完成环境影响报告书的编制。

一、编制评价大纲

评价大纲应在开展评价工作之前编制,它是具体指导建设项目环境影响评价的技术文件,也是检查报告书内容质量的主要依据,其内容应该尽量具体、详细。评价大纲一般应在充分研读有关文件、进行初步的工程分析和环境现状调查后编制。评价大纲一般包括以下内容:

(1)总则:评价任务的由来、编制依据、控制污染与保护环境的目标、采用的评价标准、评价项目及其工作等级和重点等。

(2)建设项目概况。

(3)拟建地区的环境简况。

(4)建设项目工程分析的内容与方法:根据当地环境特点、评价项目的环境影响评价工作等级及其重点等因素,说明工程分析的内容、方法和重点。

(5)建设项目周围地区的环境现状调查:包括一般自然环境与社会环境现状调查和环境中与评价项目关系较为密切部分的现状调查。应根据已确定的各评价项目工作等级、环境特点和影响预测的需要,尽量详细地说明调查参数,调查范围及调查的方法、时期、地点、次数等。

(6)环境影响预测与建设项目的环境影响评价:根据各评价项目的工作等级、环境特点,尽量详细地说明预测方法、预测内容、预测范围、预测时段以及有关参数的估值方法等。如进行建设项目环境影响的综合评价,应说明拟采用的评价方法。

(7)评价工作成果清单、拟提出的结论和建议的内容。

(8)评价工作的组织、计划安排。

(9)评价工作的经费概算。

二、工作分析

1.工程分析的对象

通过对工艺流程各环节的分析,了解各类影响的来源,各种污染物的排放情况,各种废物的治理、回收利用措施及其运行与污染物排放之间的关系等。通过对建设项目资源、能源、废物等的装卸、搬运、储藏、预处理等环节的分析,掌握与这些环节有关的环境影响来源的各种情况。分析由于建设项目的建设和运行,使当地及附近地区交通运输量增加所带来的环境影响。通过了解拟建项目对土地的开发利用,了解土地利用现状和环境间的关系,以分析项目用地开发利用带来的环境影响。对建设项目生产运行阶段的污染物不正常排放情况进行分析,找出这类污染物排放的来源、发生的可能性及发生的频率等。

2.工程分析的方法

当建设项目的规划、可行性研究和初步设计等技术文件不能满足评价要求时,应根据具体情况选用适当的方法进行工程分析。目前采用较多的工程分析方法有类比分析法、物料平衡计算法、查阅参考资料分析法等,其中:

(1)类比分析法具有时间长、工作量大、结果较准确等特点,在时间允许、评价工作等级较高,又有可供参考的相同或相似的现有工程时,应采用此方法。

(2)物料平衡计算法以理论计算为基础,比较简单。但计算中设备运行均按理想的状态考虑,所以计算结果有时偏低,该方法具有一定的局限性,不是所有的建设项目均能采用。

(3)查阅参考资料分析法可作为以上两种方法的补充,当评价时间短、评价工作等级较低时,或在无法采用以上两种方法的情况下,可用此方法,此方法最简便,但数据准确性差。

三、生态环境影响现状调查

(1)调查原则　根据建设项目所在地区的环境特点,结合各单项影响评价的工作等级,确

定各环境要素的现状调查范围，并筛选出应调查的有关参数。生态环境现状调查时，首先应搜集现有的资料，当这些资料不能满足要求时还需要进行现场调查，现场调查应全面、详细调查环境中与评价项目有密切关系的内容，并作出分析或评价。

(2)调查方法　主要有收集资料法、现场调查法和遥感判读与解译法。其中，收集资料法比较节省人力、物力和时间，环境现状调查时，应首先采用此方法获取现有各种有关资料，但此方法只能获取第二手资料，往往不全面，不能完全符合要求，还需要通过其他方法补充。现场调查法能够直接获得第一手的数据和资料，可以弥补收集资料法的不足，但这种方法工作量大，需占用较多的人力、物力和时间，并且还会受季节、仪器设备等条件的限制。遥感判读与解译法有助于从整体上了解评价区域的环境特点，并且可以获取一些现场调查无法到达的地区的生态环境状况，如荒漠、海洋等，但由于此方法不够准确，不宜用于微观环境状况的调查，一般只用于辅助性调查。

(3)调查内容　首先是自然环境状况调查，包括评价区域内气象因素、水资源、土壤、地形地貌、地质等基本情况；其次生态系统调查，根据生态系统类型和识别、筛选确定的重要评价因子开展调查，如动植物与生态、噪声、社会经济、人口、工业与能源、农业与土地利用、交通运输、文物与景观、人群健康状况等；最后还要开展评价区域敏感目标调查，包括自然保护地等需要特殊保护的地区以及生态敏感、脆弱区域，如荒漠中的绿洲、鱼虾产卵地、天然渔场等。

四、生态环境影响预测

(1)预测原则　预测的范围、时段、内容及方法均应根据其评价工作等级、工程与环境的特性、当地的环保要求而定。同时应尽量考虑预测范围内，规划的建设项目可能产生的环境影响。

(2)预测方法　目前使用较多的预测方法有数学模式法、物理模型法、类比调查法和专业判断法。数学模式法能给出定量的预测结果，但需要一定的计算条件和输入必要的参数、数据，若实际情况不能很好地满足模式的应用条件时，还需要对模式进行修正与验证，总体上该方法比较简便，可首先考虑。物理模型法定量化程度较高，再现性好，能反映比较复杂的环境特征，但需要有合适的试验条件和必要的基础数据，且制作复杂的环境模型需要较多的人力、物力和时间，在无法利用数学模式法预测而又对预测结果定量精度要求较高时，可选用此方法。类比调查法的预测结果属于半定量性质，如果评价工作时间较短，无法取得足够的参数、数据，不能采用数学模式法和物理模型法时，可选用此方法。专业判断法则是定性地反映建设项目的环境影响，如果建设项目的某些环境影响很难定量估测时，或者由于评价时间过短等原因无法采用上述3种方法时，可选用此方法。

(3)预测范围　一般情况下，预测范围等于或略小于现状调查的范围。在预测范围内应布设适当的预测点，通过预测这些点所受的环境影响，由点及面反映该范围所受的环境影响。预测点的布置与数量，应考虑评价区域的土壤和生态环境特点、当地环保要求及评价工作的等级等因素。

(4)预测内容　主要对能代表评价项目的各种环境质量参数变化的预测。一类是常规参数，反映该评价项目一般质量状况；另一类是特征参数，反映该评价项目与建设项目有联系的环境质量状况。

五、编制生态环境影响报告书

生态环境影响报告书一般包括以下内容：

(一)总则

按照环境影响评价技术导则的要求，根据环境和工程的特点及评价工作的等级，可以选择下列内容编写生态环境影响报告书。

(1)编制目的：结合评价项目的特点阐述编制环境影响报告书的目的。

(2)编制依据：包括项目建议书、评价大纲及其审查意见、评价委托书(合同)或任务书、建设项目可行性研究报告等。

(3)采用标准：包括国家标准、地方标准或拟参照的国外有关标准。

(4)控制污染与保护环境的目标。

(二)建设项目概况

(1)建设项目的名称、地点及建设性质。

(2)建设规模、占地面积及厂区平面布置。

(3)土地利用情况和发展规划。

(4)产品方案和主要工艺方法。

(5)职工人数和生活区布局。

(三)工程分析

(1)主要原料、燃料及其来源和储运，物料平衡，水的用量与平衡，水的回用情况。

(2)工艺过程。

(3)废水、废气、废渣、放射性废物等的种类、排放量和排放方式，以及其中所含污染物种类、性质、排放浓度；产生的噪声、振动的特性及数值等。

(4)废弃物的回收利用、综合利用和处理、处置方案。

(5)交通运输情况及厂地的开发利用。

(四)建设项目周围地区的环境现状

(1)地理位置。

(2)地质、地形、地貌和土壤情况，河流、湖泊(水库)、海湾的水文、气候与气象情况。

(3)大气、地面水、地下水和土壤的环境质量状况。

(4)矿藏、森林、草原、水产和野生动物、野生植物、农作物等情况。

(5)自然保护区、风景游览区、名胜古迹、温泉、疗养区及重要政治文化设施的情况。

(6)社会经济情况，包括现有工矿企业和生活居住区的分布情况、人口密度、农业概况、土地利用情况、交通运输情况及其他经济社会活动情况。

(7)人群健康状况和地方病情况。

(8)其他环境污染、环境破坏的现状资料。

(五)环境影响预测

(1)预测环境影响的时段。

(2)预测范围。

(3)预测内容及预测方法。

(4)预测结果及其分析和说明。

(六)评价生态环境影响

(1)建设项目环境影响的特征。

(2)建设项目环境影响的范围、程度和性质。

(3)如要进行多个选址的优选时,应综合评价每个选址的环境影响并进行比较和分析。

(七)生态环境保护措施

评述及技术经济论证,并提出各项措施的投资估算。

(八)生态环境影响经济损益分析

评述生态环境保护所需要的投资及其可能产生的环境经济效益、社会环境效益,并进行损益分析。

(九)环境监测制度及环境管理、环境规划的建议

为降低生态环境影响以及确保生态环境保护措施实施需要建立的管理体制与制度。

(十)生态环境影响评价结论

主要包括:项目与相关政策的相符性,项目选址的可行性,项目污染源分析结论,消除或减轻环境影响措施的可行性,环境影响分析结论,公众参与情况,综合结论。

【注意事项】

生态环境影响调查时要特别注意调查和收集与生态环境保护密切相关的极端气象事件,如洪水、大风等。

【结果分析】

某个建设项目生态环境影响评价。

建设项目基本情况	
建设内容	
建设项目工程分析	
评价区域生态环境现状	
生态环境影响预测	
生态环境影响评价	
评价结论	

【思考练习】

试设计一个高速公路建设项目对环境影响的评价大纲。

第六章　实验室常用药品配制及实验仪器操作

第一节　实验室常用药品配制

一、溶液配制常用计量单位

1. 质量

质量是国际单位制7个基本量之一，用符号 m 表示，单位为千克(kg)，分析化学中常用克(g)、毫克(mg)和微克(μg)。

2. 元素的相对原子质量

指元素平均原子质量与 ^{12}C 原子质量的1/12之比，用符号 A_r 表示，过去称为原子量；此量为无量纲量。

3. 物质的相对分子质量

指物质的分子或特定单元平均质量与 ^{12}C 原子质量的1/12之比，用符号 M_r 表示，过去称为分子量；此量为无量纲量。

4. 体积

用符号 V 表示，国际单位为立方米(m^3)，化学中常用升(L)、毫升(mL)和微升(μL)。

5. 密度

用符号 ρ 表示，单位为千克/立方米(kg/m^3)，常用单位是克/立方厘米(g/cm^3)或克/毫升(g/mL)。用来表示溶液浓度的密度是指相对密度，是物质的密度与标准物质的密度之比，符号为 d，过去称为比重。

6. 物质的量

是量的名称，是国际单位制7个基本量之一。物质B的“物质的量”的符号是 n_B，单位名称为摩尔(mole)，符号为mol。

7. 摩尔质量

是质量(m)除以物质的量(n_B)，符号为 M。摩尔质量的单位是千克/摩(kg/mol)、克/摩(g/mol)。

二、溶液浓度表示方法

1.物质的量浓度

指每升溶液中溶质的物质的量，用符号 c 表示，单位 mol/L 或 mmol/L。

2.质量浓度

指单位体积中物质的质量，用符号 ρ 表示，单位 g/L、mg/L、mg/mL、μg/mL 等。

3.质量分数

物质B的质量分数就是物质B的质量与混合物质量之比，用符号 w 表示，单位常用%表示。

4.体积分数

单位体积溶液中溶质的体积所占的比例，符号为 φ，单位常用%表示。

5.质量摩尔浓度

指溶液中溶质的物质的量除以溶剂的质量，用 b 表示，单位 mol/kg。

三、常用溶液的配制

(一)常用酸溶液的配制

(1)盐酸(1 mol/L HCl)　用量筒量取 83 mL 浓盐酸，加水稀释成 1 L。

(2)硫酸(1 mol/L H_2SO_4)　用量筒量取 56 mL 浓硫酸，加入不断搅拌的适量水中，冷却后，用水稀释至 1 L。

(3)硝酸(1 mol/L HNO_3)　用量筒量取 67 mL 浓硝酸，加入适量水中，稀释至 1 L。

(4)磷酸(1 mol/L H_3PO_4)　用量筒量取 62 mL 浓磷酸，加入适量水中，稀释至 1 L。

(二)常用碱溶液的配制

(1)氢氧化钠(1 mol/L NaOH)　用天平称取 40 g NaOH，溶解于适量水中，不断搅拌，冷却后用水稀释至 1 L。

(2)氢氧化钾(1 mol/L KOH)　用天平称取 56 g KOH，溶解于适量水中，不断搅拌，冷却后用水稀释至 1 L。

(3)氨水(1 mol/L $NH_3 \cdot H_2O$)　用量筒量取 68 mL $NH_3 \cdot H_2O$，加水稀释至 1 L。

四、样品处理的相关试剂

(一)溶解

1.氢氟酸

氢氟酸是矿样(特别是硅酸盐矿物)分解中最常用的酸，是一种易挥发的弱酸，是唯一可和硅化物很快作用的无机酸。氢氟酸的化学特性决定了它强烈腐蚀所有的硅酸盐玻璃器皿和玻璃窗等，对操作者的眼、手、骨、牙、皮肤都有严重的危害，因此操作应在通风橱内进行，反应器皿、量杯、移液管等宜用塑料制品，且不能敞口存放过久。使用氢氟酸时，应戴塑料或乳

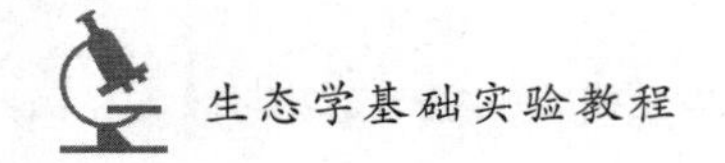

胶手套、口罩、眼镜等，操作完毕应尽快离开现场。

2. 盐酸

盐酸是最常用的一种强酸，有弱还原性和络合性。主要用于溶解大部分活泼金属、合金、碳酸盐、有机和无机碱。盐酸也常与某些络合剂或氧化剂一起使用，改善溶样能力。

3. 氢溴酸

单独用氢溴酸可以很好地溶解磁铁矿，这一特点对贵金属矿物的溶解格外重要。金、铂、钯可用氢溴酸从岩石中完全提取。

4. 氢碘酸

其在溶样中主要作为强还原剂。与次磷酸或其盐溶液同时使用时，还原作用及溶样功能都会进一步增强。氢碘酸和盐酸的混合液可从方铅矿和闪锌矿中定量释出硫化氢，样品很好溶解。

5. 硝酸

是一种强酸和强氧化剂。常用于溶解惰性金属，特别用于含有变价元素矿物的溶解。此外，磷酸盐、砷酸盐、钨酸盐也容易被硝酸迅速分解。对各种合金钢，硝酸是最好的溶剂。除单独应用外，硝酸也与其他酸、氧化剂、还原剂及络合剂溶液混合使用，可收到更好的溶样效果。硝酸与浓硫酸的混合液俗称硝硫酸，在有机物的消解上有极重要的应用。

6. 王水

实验室中通常将 3 体积浓盐酸和 1 体积浓硝酸的混合液称为王水。具有很强的氧化和溶解能力。王水易溶解金、铂及其合金，所以成功地用于金矿提取。逆王水是王水的反比混合物，广泛用于硫化物的溶解。

7. 硫酸

稀硫酸是一种强酸，可很好地溶解一般碱性氧化物、活泼金属及其合金。热浓硫酸是一种中强氧化剂，氧化能力比硝酸、高氯酸弱，但可氧化某些惰性金属如铜。酸本身可被还原，随着样品还原能力的不同，而生成硫化氢、单质硫或二氧化硫。浓硫酸一个重要特点是脱水能力很强，使它在有机物的分解上有独特作用。硫酸有很高的溶解热，比热容小，遇水温度迅速上升，容易溅出，甚至使玻璃器皿炸裂。

8. 高氯酸

温度低时，高氯酸为一强酸；浓热时，是一种良好的氧化剂和脱水剂。高氯酸的稀溶液不单独用于溶样，而且没有氧化能力。高氯酸易溶于水，特别适合作硅酸盐分析时分离二氧化硅的脱水剂。

9. 磷酸

磷酸难挥发，具有强烈的络合能力、脱水作用、聚合作用。作为一种络合剂，浓磷酸在分解岩石、矿物上有专门应用，起到其他酸难以起到的独特作用。磷酸与不同氧化剂或还原剂混合使用，在溶样上显示独特的优点。

10. 高锰酸钾

是一种强氧化剂，在酸性、中性和碱性介质中氧化能力不同，可分解多种有机物。高锰酸

钾对有机物的氧化作用很复杂，一般最后有机物都被氧化成二氧化碳。

11.过氧化氢

常用于处理样品的过氧化氢含量为30%或48%，是一种强氧化剂。主要用于分解有机样品。浓溶液无论在强酸或强碱介质中，均呈强氧化性，可与某些有机物直接作用甚至燃烧，强烈腐蚀皮肤。

12.重铬酸钾

重铬酸钾与各种酸（硫酸或磷酸）或碘酸盐结合，以氧化有机物样品。重铬酸钾和硫酸的混合物，可用于有机物中碳和卤素的测定。重铬酸钾和碘酸（或碘酸钾）与硫酸和磷酸溶液混合来氧化有机物样品称为范斯莱克氏燃烧法，广泛用于分解生物材料以测定碳。

13.碱金属溶液

各种碱金属主要是钠可制成液氨、乙醇氨和各种醇的溶液，用于分解某些有机样品测定卤素含量。一些反应活性很高的碱金属有机化合物如联苯钠和萘钠也有类似作用。

(二)熔融

样品处理中的熔融，是将样品与某些固体试剂混合，加热到试剂熔点以上的温度，样品被分解成易于在下一步浸取成分的过程。

1.酸性熔剂

主要指熔融时释放出质子或酸性化合物，从而可与碱性组分作用，使样品分解。通常包括硫酸氢盐、焦硫酸盐、某些铵盐和酸性氧化物。硫酸氢盐和焦硫酸盐在低温下熔融易腐蚀瓷坩埚和铂器皿，在600℃以下不损坏金坩埚，各种温度下均不易腐蚀石英坩埚。铵盐熔点低，过量试剂易于分解和移去，而且通常易于提纯精制，玷污少。

2.碱性熔剂

指熔融时释放出氢氧根离子或碱性物质，并与样品中的酸性组分作用，因而使样品分解的试剂。通常包括碱金属碳酸盐、碱金属的氢氧化物和过氧化物。碱金属碳酸盐包括碳酸锂、碳酸钠、碳酸钾和它们的低共熔混合物硅酸盐岩石矿物是很有效的熔剂。常用的碱金属氢氧化物和过氧化物有氢氧化钠、氢氧化钾和过氧化钠。硼酸盐及硼酸酐是一类弱碱性或近中性甚至两性的熔剂，常用的有各种碱金属的偏硼酸盐、硼砂、氧化硼或硼酸。

3.络合性熔剂

目前常用的络合熔剂主要有氟氢化物和氟硼化物。氟氢化物中氟氢化钾和氟氢化铵比较常用，多用于分解铌、钽氧化物和硅酸盐类矿物。氟硼化物包括各种碱金属的氟硼化物和钠盐。磷酸盐和偏磷酸盐是一类十分有效的络合性熔剂，是许多二价金属和三价金属的良好络合剂。

4.还原性熔剂

常用的碱金属如钠，可以分解多种很稳定的烃类如氟烃、多氯烃等。铅（火试金法），是分解某些稀有矿物以提取贵金属的特殊操作，也用于样品处理。汞（汞齐法），常温下呈液态的汞是多种金属的良好溶剂，形成的各种金属的汞溶液叫作汞齐。

(三)烧结

就是把样品与一定的固体试剂混合,在其熔点以下的某个温度区域加热,使样品与试剂发生反应,从而分解的过程。所用的固体试剂称为烧结剂。烧结产物成渣状,易于提取。样品分解的完全程度取决于所用烧结剂的性质和用量、加热方式及时间。主要的烧结剂有碱金属碳酸盐、氢氧化物、各种金属氧化物及某盐类的混合物。

第二节　有毒危险药品的使用及注意事项

一、常见有毒、危险药品

（一）有毒气体

溴、氯、氟、氰氢酸、氟化氢、溴化氢、氯化氢、二氧化硫、硫化氢、光气、氨、一氧化碳等均为窒息性刺激性气体。

在使用以上气体或进行产生以上气体的实验时，必须在通风良好的通风橱中进行，并设法装配气体吸收装置吸收有毒气体，减少环境污染。如遇大量有害气体逸至室内，应立即关闭气体发生装置，迅速停止实验，关闭火源、电源，尽快离开现场转移到有新鲜空气的地方。

（二）强酸和强碱

硝酸、硫酸、盐酸、氢氧化钠、氢氧化钾、氨水等均刺激皮肤，有腐蚀作用，会造成化学烧伤。

吸入强酸烟雾会刺激呼吸道，使用时应倍加小心。强酸烧伤皮肤时，立即用大量水冲洗，或用稀苏打水冲洗直至痕迹消失；如有水泡出现，可涂碘伏。眼、鼻、咽喉受蒸汽刺激时，也可用温水或2%苏打水冲洗和含漱；严重立即送医院。

（三）无机化学药品

（1）氰化物及氰氢酸　毒性极强，致毒作用极快，若空气中氰化氢含量达万分之三，数分钟内即可致人死亡。救治方法：立即移出毒区，脱去衣服，进行人工呼吸；可吸入含5%二氧化碳的氧气；立即送医院。

（2）溴　液溴可致皮肤烧伤，其蒸汽刺激黏膜，甚至可使眼睛失明，使用时必须在通风橱中进行；盛溴的玻璃瓶须密塞后放在金属罐中，妥善存放，以免撞倒或打翻。如不慎泼翻或打破，应立即用细沙掩盖；如皮肤灼伤应立即用稀乙醇冲洗或大量甘油按摩，然后涂上硼酸凡士林。

（3）汞　室温下即能蒸发，毒性极强，能导致急性或慢性中毒。使用时必须在通风橱内进行，注意室内通风。如果不慎泼翻，可用水泵将其尽可能收集完全。无法收集的细粒，可用硫黄粉、锌粉或三氯化铁溶液清除。急性中毒早期，用饱和碳酸氢钠液洗胃；或立即饮浓茶、牛奶，吃生蛋白和蓖麻油；立即送医院。

（4）金属钠、钾　遇水即发生燃烧爆炸，使用时须小心。钠、钾应保存在煤油或液体石蜡中，装入铁罐中盖好，放在干燥处。不能放在纸上称取，须放在煤油或液体石蜡中称取。

（5）黄磷　极毒，不能用手直接取用，否则会引起严重持久烫伤。

二、危险化学药品的存放

化学药品分类存放，做好标识。

(1)有毒有害品　放于阴凉干燥处,通风良好;远离火源、热源,保持容器密封。

(2)强酸　放于阴凉干燥处,通风良好;与碱、金属粉末、卤素等分开存放。

(3)强碱　放于阴凉干燥处,通风良好;防潮防雨,与可燃物、酸分开存放。

(4)易燃易爆品　放于阴凉干燥处,通风良好;远离火源、热源,避免阳光直射;与氧化剂、强酸、强碱分开存放。

三、危险化学药品的使用

(1)配制药品需严格按《药品配制方法》完成药品配制,规范操作,在试剂瓶上标明试剂名称、浓度、配制时间、配制人等。无特殊要求的可直接放在试剂架上,需要低温保存的试剂放在冰箱中,需要避光储存的放于阴凉避光处。

(2)领用之后暂时不用的危险化学药品应放于固定存放处。

(3)保证与禁忌物分开并与“避免接触的条件”隔离。

(4)做好防挥发、防泄漏、防火等安全措施。

(5)使用腐蚀性化学药品时注意个人防护。

(6)禁止用口尝、直接鼻嗅、裸手触碰的方法鉴别化学药品。

(7)不能把浓酸、浓碱汽化剂和有机物放在一起,避免引起爆炸或燃烧。

(8)使用易燃、易爆、易挥发的化学品时,应在通风橱内进行,严禁接触明火。

四、废弃物处理

(1)危险化学品应妥善保存,统一处理。固体危险品废弃物暂存于固体废弃物垃圾桶内,禁止在化学危险品储存区堆积可燃废弃物,泄漏或渗漏的危险品的包装容器应迅速转移至安全区域,化学危险品不得随意抛弃、污染环境。

(2)一般液体废弃物如清洗用水、一般化学品的废液等可直接通过排污管道进入污水处理厂,但危险化学品不能直接倒入下水道,必须分类倒入废液桶,统一处理。

(3)有毒废气通过通风橱排放,并设法装配气体吸收装置吸收有毒气体,减少环境污染。

第三节　实验室常用实验仪器操作

生态实验用到的仪器较多，本节主要介绍几种基础仪器的使用。

一、电子天平

（一）天平的选择

在使用天平之前，要根据天平的称量范围和精度选择合适的天平。被称物体的质量不可超过天平的最大称量范围，不能小于天平的最小称量值。

（二）环境要求

放天平的房间要满足防尘、防震、防潮、防止温度波动等，精度较高的天平应在恒温室中使用。电子天平周围要求没有风，不能有震动源及磁场干扰。天平盘时刻保持清洁。

（三）安装

(1)检查电源电压是否符合天平的要求，按照天平的使用说明书正确装配天平，安装完毕后再次检查各部分安装是否正常。

(2)调整地脚螺旋高度，使水平仪内空气气泡正好位于圆环中央。

(3)使用电子天平之前，开机预热 0.5～1 h，如果一天中要多次使用，最好整天开机。

(4)从首次使用起，应对其定期校准，校准时必须使用标准砝码，按规定程序进行。

（四）称量

(1)在已校准好的天平上放被称物，电子天平显示的数值是被称物的质量。

(2)去皮功能的使用，将称量用的容器放在天平上，待读数稳定后，按“去皮”键，使天平显示归零，在容器内加入被称物，待读数稳定记录数据，此数据为被称物质量。

(3)称量两个样品质量差，将样品 1 放到天平上，按“清零”键，使天平显示数值为零，拿掉样品 1，放上样品 2，此时天平上显示的数值为样品 2 与样品 1 的质量差，数值前的“＋”表示样品 2 重于样品 1 的量，“－”表示样品 2 轻于样品 1 的量。

(4)注意，称量时被称物尽量放在秤盘中间，被称物不与天平其他部位接触，被称物为药品等时不能直接放到秤盘上称量，洒落物及时清除，保持天平清洁。

(5)使用完毕，关闭天平和门罩。

二、显微镜

显微镜的种类有很多，下面介绍教学用一般光学显微镜的使用规则。

（一）结构

该装置主要由镜座、载物台、镜筒、目镜、物镜、物镜转换器、调焦装置等组成(图 6-1)。

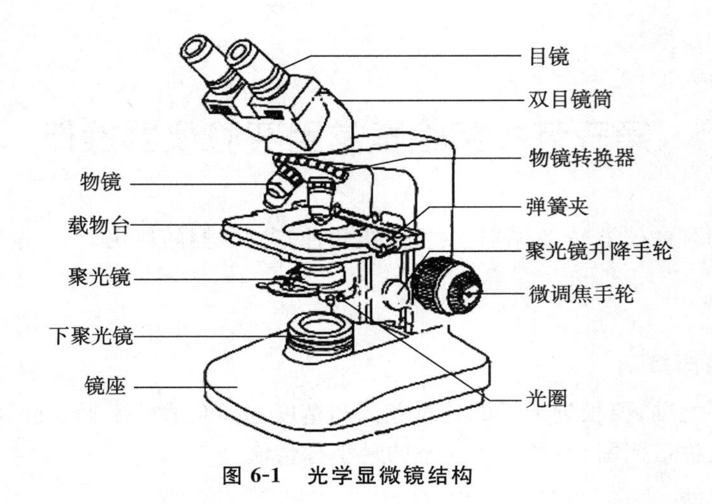

图 6-1　光学显微镜结构

(二)使用

(1)把显微镜放在平整的实验台上,身体正前方偏左侧,距试验台边缘 6 cm 左右。

(2)打开光源开关,或调整显微镜下方的集光镜,使光线通过载物台通光孔。

(3)调整载物台下方聚光镜,使载物台通光孔明亮。

(4)把要观察的玻片放到载物台上,玻片上被观察的部位对准通光孔中央,用标本夹将载玻片固定。

(5)低倍镜(目镜 10×,物镜 10×)观察:眼睛看着物镜镜头,转动粗准焦螺旋,使载物台上升,玻片接近物镜镜头,但不可接触;睁开双眼,用左眼通过目镜观察,转动粗准焦螺旋,使载物台慢慢下降,直到可以看到物体的影像;将要观察的物像移至视野中间。

(6)高倍镜(目镜 10×,物镜 40×)观察:转动转换器,使高倍物镜对准通光孔;用左眼注视目镜,同时转动细准焦螺旋,直至视野中的影像清晰。

(7)观察完毕,将物镜镜头从通光孔处移开,将载物台降落,取下玻片;检查零件有无损伤,物镜有无被污染;关掉电源,清理载物台及物镜,装箱。

(三)注意事项

(1)熟练掌握严格按照使用规程操作。

(2)取送显微镜时一手握住镜臂,一手托住镜座,显微镜不能倾斜,不能在桌上拖拽。

(3)观察时不能随便移动显微镜。

(4)物镜和目镜镜头只能用专用擦镜纸擦拭,以免损坏。

(5)保持显微镜清洁干燥,不能接触灰尘、水及化学药品。

(6)从低倍镜换到高倍镜时,不可用手搬动物镜镜头,应旋转转换器。

(7)不得随意拆卸显微镜上的零部件,严禁随意拆卸物镜镜头。

三、烘箱

(一)使用

(1)接好电源,打开开关。

(2)放入样品待烘。

(3)设定温度、时间,红灯亮起表示开始加热,当温度达到设定温度时,红灯熄灭,绿灯亮起,开始恒温状态;为防止温控失灵,还需有人照看。

(4)烘好后及时取出物品,关闭电源。

(二)注意事项

(1)设定温度不可超过烘箱规定温度。

(2)放入的物品应适量,让烘箱内留有空气流动的空间,不可堵塞通风道。

(3)物品应放在烘干架上,不能直接将物品放到烘箱底部加热板上。

(4)易散落的物品要用纸包住,以免散落到加热板上。

(5)禁止烘烤易燃、易爆、易挥发及腐蚀性物品。

(6)有鼓风的烘箱,需将鼓风开启,否则影响烘箱内温度的均匀性,损坏加热元件。

(7)烘箱内外保持干净。

(8)烘箱在开启时,不可用湿布擦拭或用水清洗。

四、移液器

(一)结构

移液器一般由数字显示窗、容量调节按钮、活塞、活塞套、吸引管和吸头等部分组成。

(二)种类

移液器按不同的设计方式可分为多种类型。按移液方式分为定量移液器和可调移液器。按通道数分为单通道移液器和多通道移液器。按操作方式分为手动移液器和电动移液器。按消毒方式分为半支消毒移液器和整支消毒移液器。

(三)使用

1.安装吸头

旋转安装法:把移液器顶端垂直插入吸头,轻轻用力向下压,然后按住吸头旋转移液器,上紧吸头。多通道移液器安装吸头时,先将移液器的第一道对准第一个吸头,倾斜插入,稍稍摇动即可插紧。

2.设定容量

手动移液器可通过旋转移液器的按钮来设定移液量。顺时针方向转动按钮减少移液量,逆时针方向转动按钮增加移液量。在设定过程中,不要用力或过快旋转按钮,也不要旋出移液器的量程范围,以免造成损坏。

3.预洗吸头

在吸取液体之前,要吸取和排放该液体 2～3 次,以确保移液的精确。吸取有机溶剂或高挥发液体时,挥发性气体会在白套筒室内形成负压,从而产生漏液的情况,这时需要预洗 4～6 次,白套筒室内气体达到饱和,负压就会自动消失。

4.吸液与放液

先将四指并拢握住移液器上部,用拇指按住塞杆的顶端按钮,向下按至第一档,将吸头垂直浸入液面下 1 cm，缓慢平稳的松开拇指，吸上液体并停留 1～2 s（如果液体黏性较大，可多停留一会儿），缓慢抬起移液器吸头，保证吸头的外壁无残留液体。

放液时，将吸头紧贴容器内壁并倾斜 20°～40°，用拇指平稳地按住按钮至第一档，略停后继续按压到第二档，排出所有液体。松开按钮，将吸头贴着内壁向上移走。

5. 卸掉吸头

按吸头弹射器除去吸头，吸取不同样本液体时必须更换吸头。卸掉的吸头不能与新吸头混放，以免污染新吸头。

（四）保养

移液器不用时，应竖直放置在移液器支架上，擦拭移液器时应使用无绒布或医用棉，蘸取 75% 的酒精溶液擦拭，不能直接用酒精溶液清洗，更不能用其他溶剂或洗涤剂清洗，以免清洁剂从缝隙进入移液器内部。

第七章　野外生存基本知识

一、出行前准备

了解目的地的环境，带上能够应付各种天气的衣服、钱、水、手电、打火机、高热量食物、手机、手表、合适的背包、多功能小刀、适合长距离行走的鞋、雨衣、铅笔、创可贴等。

合理选择野外出行的衣物，到野外工作穿衣要方便实用，衣服轻便、保暖、防潮。采用分层穿衣法，多件轻便的衣服比一件厚重的衣服更有优势，可以根据气温随时脱衣或添衣。

进行野外实验往往需要徒步走很长距离，还可能遇到意料之外的许多事情，因此不仅要有充足的物资准备，还需有一个健康的身体。一个好的身体可以在很大程度上帮助你克服困难，度过种种难关。注意增加日常有规律的锻炼，可以自行进行拉伸运动（包括手臂、脖子、胸部、肩膀、背部和腿部）、有氧运动（如游泳、慢跑、骑自行车等）和负重训练（如俯卧撑、哑铃、杠铃等）。

牢记四项生存基本法则：保护、位置、水、食物。

（1）保护　设法让自己处于一个主动有利的位置。在精神上，保护自己远离恐惧、自责、消沉、沮丧等情绪；在生理上，保护自己不会受到伤害，而且防范恶劣天气和野兽的侵袭。

（2）位置　位置对生存和营救非常重要，往往有两种选择：留下或前进。首选待在原地，并且用各种方式告知外界你的位置；如果实在不能待在原地，那么就要找一个对自身安全和营救有利的地方，记得在前进过程中在路上留下标记。

（3）水　水是生命的基本要素。保存身上携带的水，学会在周围环境中获取水。

（4）食物　在一两天之内食物不是最重要的，但是如果需要长期维持生命状态，食物就必不可少。但是切记，水永远比食物重要，在确保能够获得充足的水之前，减少进食对维持生命更重要。

二、定位

（一）指南针

简单准确地辨别方向的工具就是指南针。指南针可以帮助你辨别出东南西北和前进的准确方向，可以避免在陌生地带绕圈走，如果配合有较详细的地图，那就会指引你详知自己的位置并准确找到目的地。

找到一根针，将其磁化，制作简易指南针。具体方法如下：

（1）轻击法　将针与你能判定的南北磁线重合，倾斜45°，针尖抵住一块硬木板，然后用一块金属轻轻敲击针尾，轻轻地将其敲进硬木板，效果更好。

（2）头发摩擦法　拿住针的尖端，靠近头部，在头发上朝一个方向摩擦，小心重复摩擦动作,直到针被磁化。

(3)丝绸摩擦法　可以把针在丝织品上朝一个方向反复摩擦,使其磁化。

(4)磁铁磁化　有磁铁的情况下,将针放在磁铁上并朝一个方向摩擦,摩擦的次数越多,磁力就越强。

(5)电磁化　将针用带绝缘外皮的导线缠绕(不能将导线金属部分与针接触),将导线两端连接电池两端,并用绝缘物质固定,电池发热表示磁化完成,在这个过程中,需要电池和导线形成闭路,不能接触其他导体。

简易指南针制作好,将其悬挂或者漂浮在水面,使其能自由旋转,指明方向。

(二)GPS

GPS能帮助你得出起始点和目的地之间的直线距离和方位,配合指南针和地图使用。

(三)手机

手机的GPS定位功能和微信发送位置功能是定位和求助的最佳方式,需要电量和网络。

(四)自然导航

(1)太阳　晴天可以利用太阳确定大致方向,太阳东升西落,正午在南方,每小时运行15°。

(2)北极星　北极星总是在地平线的正北方,通过北极星,就能判断出东西南北。通过北斗星(容易辨认),将勺子顶端的两颗星相连,向勺子外延长四倍,就是北极星。

(3)月亮　在北半球,月牙两角的连线,大概指向南方。

(4)石英表　在北半球,将时针指向太阳,然后将时针与“12”时刻度线形成的夹角平分,平分线所指的方向就是南方。

(5)植物　树木朝向太阳的方向生长比较茂盛,地衣和苔藓会生长在背光的一侧,向日葵头朝向太阳。

(6)冰雪　冰雪融化较严重的一面一定朝向太阳。

三、火

火对于需要夜间野外露营的人非常重要。火可以驱赶蚊虫、烧煮开水、加热食物,而且还能发出求救信号。

(一)生火需要的材料

火柴(打火机或其他点火工具)、引火物、燃料(柴火或其他燃料)。

(二)露营生火需要做的事

(1)确保生火地点周围有燃料(柴火等)。

(2)将生火地点清理干净,扫走树叶和可能燃烧的东西,以免引起森林火灾。

(3)检查一下生火的地方有没有树根,如果将树根点燃,很可能整棵树都燃烧起来。

(4)如果想求救,选择一片开阔的空地。

(三)露营生火禁止做的事

(1)清理生火地点时不要用手,以免被虫蛇咬伤,最好用脚或树枝比较安全。

(2)不要在树桩或倒木旁生火,易引起火灾。

(3)不要在低矮的树枝或者树叶下生火,易将其引燃。

(4)不要将火生在不利于其燃烧的地方,不要生在烟能吹到帐篷的地方。

(四)注意事项

(1)不要在地上直接点火。

(2)不要让火势失控。

(3)拔营离开营地前,务必要将火完全扑灭,将水倒在火堆上,或者用湿土或湿沙子将火堆掩盖起来。

四、水

水是生命不可缺少的必需品,如果没有稳定的水量供给身体需要,则会发生脱水。一旦脱水,如果不采取措施,就会导致死亡。而在野外,除了自身携带的水之外,几乎没有可以直接饮用的水。如果饮用了被污染的水,则会导致疾病的发生。我们总是认为用水是理所当然的,从来不会意识到水的重要,直到我们缺水的那一时刻。因此在拥有足够的可饮用水之前,要善待你拥有的每一滴水。

(一)寻找水源

一般情况我们会携带足够的水,但是如果不能按期回到能够获得足够饮用水的地方,需要或不得不在野外待上一段时间,这样我们就不得不去寻找可以饮用的水。

1.天然水源

如果我们身处不缺水的地域,那么寻找天然的水源就变得容易可行。天然水源包括泉水、河水、溪水、岩洞里的水、井水、湖水和池塘水、渗流、洼地等。有些水源是不可饮用的,如咸水、死水、尿水。

(1)在寻找天然水源时要注意规避危险

①在取水或往返水源地的时候可能遇见猛兽。

②要提防那些潜伏在水里的水栖动物。

③如果在雨季从河床里取水,要当心洪水暴发。

(2)寻找水源的方法

①水受地心引力的影响,常见于下坡或地势低的地方,如山谷、狭窄的峡谷、沟渠、悬崖深处或岩层中。

②通常鸟盘旋的地方下面有水源,可以观察鸟的飞行路线找到水源位置。

③蜜蜂需要水,所以,蜂窝附近一定有水源。

④寻找集中成群的动物的足迹,往往会通向水源。

⑤苍蝇和蚊子通常出现在水源附近。

⑥水牛、河马、大象、角马等动物依靠水生活。

2.收集水

(1)采集露水,将布或衣物系在脚踝上,夏季清晨在草丛间走动,布会被露水浸湿,把湿布在容器上拧干,即可收集到水。

(2)在中午之前把塑料袋套在树叶上,扎上袋口,收集叶片蒸腾水。

(3)下雨的时候用容器收集雨水。

(二)水的处理

一般情况,要把收集到的水经过处理,去除或消灭可能导致肠胃疾病的有害病原体和微生物,才能饮用。

(1)过滤　过滤可初步去除水中杂物,让水变得清澈。可将空的矿泉水瓶剪掉瓶底,在瓶盖上扎几个小孔,将水瓶倒置,瓶口朝下,依次加入细沙、木炭(如果有的话)、粗沙、较小的砾石、较大的砾石,分层铺好,装满整个水瓶。

(2)净化　如果能够生火,最有效的办法就是把水煮沸。如果不能生火就需采取其他办法净化水,如加碘、高锰酸钾、漂白剂等。

五、紧急情况

(一)数字"3"法则

牢记数字"3"法则,可以帮助确定决策重点,大多数情况下:

3 秒钟:作出决定的心理反应时间。

3 分钟:缺氧情况下,大脑还可以工作,没有遭到不可挽回的伤害的时间长度。

3 小时:极端气候条件下,无保护的生存的关键时间。

3 天:缺水的情况下,可以生存的大概时间。

3 周:没有食物的情况下,可以生存的大概时间。

(二)吸引救援

在遇险或迷路等需要外界救援时,需要以下知识:

(1)烟火信号　在能生火的情况下,将能产生浓烟的绿色植物等放到火上,产生烟雾求救。

(2)光信号　LED 闪光灯、会闪光的手电或开关手电达到闪光效果;用镜子或其他可反光物品反射太阳光。

(3)声信号　吹口哨,1 min 吹 6 下,然后静默 1 min,重复。这是国际遇难信号。

(三)环境灾害

1.森林火灾逃生

(1)如果在森林中闻到烟火味,动物变得焦躁不安,森林大火可能就在附近。

(2)烟雾可以帮助确定大火的距离,可以从烟雾的方向判断风向。

(3)如果风向是朝着大火的,迅速逆风逃离;但如果你处在火的下风向,那么处境将非常危险,火势会很快蔓延向你。

(4)试着寻找河流、湖泊、道路或森林的自然间隔带,待在那里,直到获救或大火远离你。

(5)不要爬上高地,因为大火在山上汇聚得更快。

(6)如果大火迫近,而火焰墙是断断续续的,可以试图冲过火焰墙。脱掉合成纤维质地的衣服,尽量不要有裸露的皮肤,如果有水,尽量把衣裤浸湿,深吸一口气,用湿布按住鼻子和嘴，选择火焰墙最薄弱的地方，不停地跑，直到冲过大火。

(7)如果不能逃跑，挖沟把自己埋在土里，弄湿所有着装，并尽可能低地埋伏。

2.雪崩中逃生

(1)如果看到或听到雪崩，并可能朝你的方向而来，马上采取躲避行动。

(2)躲藏起来，如果能找到坚硬的岩石，就躲在岩石下。

(3)如果找不到适当的躲藏处，试着与雪崩路线成直角方向逃跑。

(4)如果滚落的雪追上了你，那么保持头部不要被雪埋住，甩动胳膊和腿在雪里“游泳”，尽可能开辟大的空间。

(5)如果不能判定上下，则流口水找出哪是下方，然后朝相反方向挖掘。

(6)以最快的速度逃脱，如果听到救援人员的声音，大声喊叫吸引他们注意。

3.雷暴中求生

如遇到雷雨或雷暴天气，不能及时进入室内，那么：

(1)避免在空旷地站立，寻找躲避处，但不要躲在孤树下。

(2)躲进汽车，可以防止雷电击中。

(3)蹲下，将身体尽量缩成一团，双脚并拢，双手抱膝。

4.躲避沙尘暴

找一个安全地方躲避，例如岩石后。背离风暴方向，尽量把整个身体包裹住，特别是头、脸和脖子。

5.沼泽中求生

沼泽地非常危险，如果不慎陷入沼泽，不要挣扎，尽量把身体最大面积接触地面，以减缓下陷速度，如果有同伴，同伴迅速寻找木棒之类拉你到安全地面。

6.逃离流沙地

(1)如果不慎走进流沙地，试着仰面躺下，四肢张开，用手当桨划到岸上。

(2)不要挣扎，以免下降更快。

(3)如果有同伴则趴在坚实的地面上，同伴用长杆等拉你到安全地带。

六、急救基本知识

(一)疱疹

1.疱疹的预防

徒步时做到以下几条，应该可以预防疱疹出现：

(1)鞋子务必合脚，不要穿新买的鞋进行长途跋涉。

(2)穿袜子减少脚与鞋的摩擦，袜子一定要干净、干燥、舒适。

(3)脚指甲剪短剪平。

(4)休息时脱掉鞋子，让脚透透气。

(5)如果有感觉“热辣辣”的地方，停下来马上处理，贴上创可贴等。

2.疱疹的治疗

如果疱疹很大,不刺破不能继续行走,那么就进行如下操作:

(1)将针放在火上消毒冷却,用水或消毒巾清洁患处,晾干,用针从疱疹边上刺破。

(2)挤压疱疹的另一侧,直到里面的脓全部被挤出。

(3)轻轻擦干净患处,然后包扎一下或贴上创可贴,以免感染。

(二)外出血

(1)除去遮挡伤口的衣物,用消毒药棉按压伤口,将受伤的肢体抬起高于伤者的心脏,以减少血液向患处流动,降低出血量。

(2)如果必要,帮伤员躺下,抬高他的脚,使发生休克的危险性减到最小。

(3)用绷带固定药棉,如果血渗出来,在第一块药棉上再加一块。

(4)每 10 min 检查一下绷带是否太紧,用指甲在包扎处外面轻轻按压,如果肤色不能很快恢复,重新包扎,放松一点。

(5)及时送往医院救治。

(三)叮咬或蜇伤

一般被昆虫等叮咬后,如果有刺残留在皮肤里,就要小心把刺拔掉,用肥皂水清洗伤口;不要抓挠伤口,并注意防止感染;若出现过敏、感染,及时去医院治疗。如果被扁虱、水蛭等叮咬,不要用手拉扯它们,即使把它们的身体拉掉,它们的口器仍然会留在皮肤里,很难去除;用点燃的烟头烫它们露在皮肤外的身体,或用力拍打它们叮咬之处,让它们感觉疼痛,自己把口器拔出。

(四)蛇咬伤

在野外被毒蛇咬伤的概率很低,但除非可以十分确定不是毒蛇,否则都该当作被毒蛇咬伤处理。对毒蛇咬伤的自行处理目的是提高受伤人员的生存概率。自救方法如下:

(1)立即躺倒,让身体保持静止,任何活动都会加速毒液扩散。

(2)在安全情况下尽可能辨认蛇的种类,有利于医疗人员做出诊断。

(3)如果有机械吸吮装置,尽快用其吸去伤口毒液,或挤压伤口,尽量挤出毒液。

(4)用水、茶水甚至小便清洗伤口,用消毒药棉敷上,绑上绷带。

(5)如果被咬的部位是四肢,则用松紧带扎住伤口和心脏之间距伤口 5 cm 的地方,这样可以帮助控制蛇毒的扩散。

(6)每 15 min 放松 1 min,以免肢体缺氧坏死。

(7)如果受伤肢体继续肿胀,导致包扎处变紧,把松紧带向肢体上方推动一些。

(8)在抬运伤者的过程中,保持肢体位置在心脏水平面以下。

(9)喝少量的水,尽快将伤者转移到附近医院。

(10)被蛇咬后绝对不能做的事:不要割开伤口用嘴吮吸毒液,以免救护人员中毒;不要将冰敷在伤口上;不要将酒精饮料倒在伤口上。

(五)中毒

(1)接触性中毒　有些野生植物是有毒的,一旦接触就会引起疼痛、肿胀、泛红、疹子或发

痒。立即用肥皂水或清水冲洗皮肤，如果随身携带了药膏，可涂于患处。

(2)吞噬性中毒　如果吞食了有毒的植物，那么及时按压舌根催吐，喝木炭水、牛奶等吸附毒素，尽快送往医院治疗。

(六)腹泻和呕吐

腹泻和呕吐可以使人脱水、休克甚至丧失生命。多休息保持身体温暖；补充水分和盐；吃少量清淡食物；如果没有携带止泻药，可服用树枝和草烧后的灰烬；及时去医院就医。

(七)痉挛

出汗过多、身体中的盐分流失过多或长时间处于炎热的环境中等都会引起痉挛。发生肌肉痉挛的部位通常是脚部、腿部和腹部。发生肌肉痉挛时，应该立即伸展痉挛处的肌肉，疼痛减轻后按摩受伤区域。为防止痉挛的再次发生，在尽量不活动的情况下喝水。

(八)拉伤和扭伤

拉伤是肌肉过度牵拉所引起的损伤，扭伤是连接关节的韧带遭到损伤导致。理想的治疗方法是将受伤部位抬起冷敷至少 10 min，以减轻肿胀和淤青，避免受伤部位活动。

(九)骨折

分为封闭性骨折和开放性骨折。

1.封闭性骨折

封闭性骨折征兆和症状为受伤部位畸形、肿胀、疼痛，无法承重受力。处理方法：

(1)清理所有开放性伤口。

(2)然后用夹板(可用结实的树枝等代替)将受伤的肢体从受伤部位的上一关节至下一关节处固定住。

(3)用 2.5 cm 宽的布带将其固定。若无法确定伤者是否已经骨折，应先按照骨折来处理，为伤者提供最大程度的保障。

2.开放性骨折

开放性骨折的征兆和症状和封闭性骨折基本一样，不同之处在于断裂的骨头伸到了皮肤外面。处理时千万不要把露在外面的骨头推回原来的位置，而应该先用盐水对伤口进行清洗；然后用清洁的纱布包住骨头的末端，这个过程注意避免骨头末端脱水。固定好纱布后，再在骨折处装上夹板，并随时观察血液循环和知觉上的变化。

(十)昏迷

检查患者是否有呼吸，如果有呼吸，则将其处于恢复姿势；如果没有呼吸，则需要做心肺复苏。

1.恢复姿势

清理患者衣裤口袋里物品，将其侧躺；上侧胳膊弯曲，让其手垫在脸下方，手心朝向脸部；上侧腿弯曲，以防身体滚动，下侧腿伸直；使头向后倾斜，保持呼吸道畅通，等待患者自然恢复。

2.心肺复苏

(1)使患者平躺，头向后仰，保持呼吸道畅通，除去口中异物。

(2)施救者跪在患者身旁,位置与患者心脏在一条直线上。

(3)将一只手放在患者胸部中心位置,另一只手掌根部放在第一只手上面,手指与第一只手指交叉,扣紧,千万不要按压患者腹部或肋骨。

(4)胳膊伸直,身体前倾用力向下按压其胸膛 4～5 cm,收力使胸膛复起,重复 30 次。

(5)捏住患者鼻子,让其嘴微微张开,另一只手抬起下颌。

(6)深吸口气,施救者用嘴堵住患者的嘴,将气吹入其口中,直到其胸膛升起,重复一次。

(7)胸外按压和人工呼吸交替进行。对儿童施救胸外按压力度减小,深度是成人 1/3。

七、野外实习注意事项

(一)出发前

(1)认真听取带队老师的要求和分享的经验。

(2)对实习的地点、环境和内容做必要的了解。

(3)根据实习环境准备好出行必备物品。

(二)实习过程中

(1)听从老师的指挥和安排,切忌自作主张。

(2)走路注意脚下,不要东张西望。

(3)时刻与团队在一起,不要私自行动。

(4)分散作业要相互告知去向,并时刻保持联络。

(5)在草茂盛的地方,要先用木棍之类打草,再前进。

(6)不要随意饮用不明水源的水,不要随意采食野外植物。

(7)看管好随身携带的物品。

(8)在到达可饮用水源之前,不要喝光携带的水。

(9)不可私自离开驻地。

(三)实习回来

(1)清点好实验物品。

(2)整理好实验记录和数据。

(3)总结经验和个人得失。

参考文献

[1]迟德富,李晓灿,宇佳,等.保护生物学野外实习手册[M].北京:高等教育出版社,2011.

[2]大卫·福特.生态学研究的科学方法[M].肖显静,林祥磊,译.北京:中国环境科学出版社,2012.

[3]董鸣,等.陆地生物群落调查观测与分析[M].北京:中国标准出版社,1996.

[4]冯金朝,石莎,赵昌杰,等.生态学实验[M].北京:中央民族大学出版社,2011.

[5]符裕红.SPSS生物统计实例详解[M].北京:中国农业大学出版社,2018.

[6]付必谦,张峰,高瑞如.生态学实验原理与方法[M].北京:科学出版社,2011.

[7]付荣恕,刘林德,等.生态学实验教程[M]. 2版.北京:科学出版社,2010.

[8]格雷戈里·J.达文波特(美).美国空军教练的6堂野外生存课[M]. 马一宁,等译.上海:上海译文出版社, 2013.

[9]黄敏文,等.化学分析的样品处理[M].北京:化学工业出版社,2007.

[10]简敏菲,王宁.生态学实验[M].北京:科学出版社,2012.

[11]姜汉侨,段昌群,杨树华.植物生态学[M].北京:高等教育出版社,2004.

[12]姜在民,贺学礼.植物学[M].杨凌:西北农林科技大学出版社,2009.

[13]科林·托厄尔(英).生存手册[M]. 韩鸽,等译.北京:旅游教育出版社, 2012.

[14]赖江山.数量生态学——R语言的应用[M].北京:高等教育出版社,2014.

[15]李博.生态学[M].北京:高等教育出版社,2000.

[16]李春喜,姜丽娜,邵云,等.生物统计学[M] .5版.北京:科学出版社,2017.

[17]李铭红,吕耀平,颉志刚,等.生态学实验[M].杭州:浙江大学出版社,2010.

[18]林鹏.福建植被[M].福州:福建科技出版社,1990.

[19]娄安如,牛翠娟.基础生态学实验指导[M]. 2版.北京:高等教育出版社,2014.

[20]牛翠娟,等.基础生态学[M].3版.北京:高等教育出版社,2015.

[21]孙儒泳,等.普通生态学[M].北京:高等教育出版社,1993.

[22]孙振筠,周东兴.生态学研究方法[M].北京:科学出版社,2010.

[23]孙振筠.生态学实验与野外实习指导[M].北京:化学工业出版社,2010.

[24]王鹏.生物实验室常用仪器的使用[M].北京:中国环境出版社,2015.

[25]王友保.生态学实验[M].合肥:安徽师范大学出版社,2013.

[26]夏玉宇.化学实验室手册[M].3版.北京:化学工业出版社,2015.

[27]薛建辉.森林生态学[M].北京:中国林业出版社,2006.

[28]杨持.生态学实验与实习[M].北京:高等教育出版社,2006.
[29]张金屯.数量生态学[M].2版.北京:科学出版社,2011.
[30]张金屯.植被数量生态学方法[M].北京:中国科学技术出版社,1995.
[31]章家恩.生态学常用实验研究方法与技术[M].北京:化学工业出版社,2007.
[32]章家恩.普通生态学实验指导[M].北京:中国环境科学出版社,2012.
[33]赵华绒,等.化学实验室安全与环保手册[M].北京:化学工业出版社,2018.
[34]周长发,等.基础生态学实验指导[M].北京:科学出版社,2017.